AF309419

EMS-LES-BAINS

(BAD-EMS)

DU MÊME AUTEUR

Traité sur les Eaux thermales d'Ems. Paris, 1866.

Bad-Ems, Die Thermen von Ems, zur Orientirung für den Arzt und als
Handbuch für den Kurgast geschildert. Berlin, 1869.

CORBEIL. — Typ. et ster. de CRÉTÉ FILS.

EMS-LES-BAINS

(BAD-EMS)

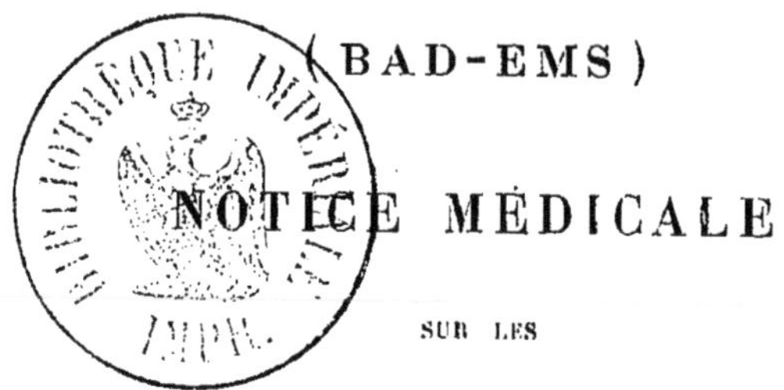

NOTICE MÉDICALE

SUR LES

SOURCES THERMALES D'EMS

ET EN PARTICULIER

SUR LES SOURCES DU ROI GUILLAUME

PAR

LE Dr ALBERT DŒRING

MÉDECIN A EMS

—— ✻ ——

PARIS	EMS
J. B. BAILLIÈRE et FILS	**L. J. KIRCHBERGER**
Libraires de l'Académie impériale de médecine	Libraire-éditeur
RUE HAUTEFEUILLE, 19	SOUS LES ARCADES

1870

PRÉFACE

En soumettant ce travail à mes confrères français, j'ai en vue un double but à atteindre.

Tout d'abord, je veux leur prouver que je suis encore en vie et démentir la nouvelle de ma mort, qui a couru à Paris l'an dernier. De plus, pour éviter que de pareils bruits se reproduisent à l'avenir, je me suis décidé à faire connaître et à bien établir les faits suivants.

Mon père, pendant trente ans, a été médecin des eaux d'Ems ; il a publié sur elles en français un ouvrage qui a eu trois éditions ; il s'était fait ainsi en France un nom connu et estimé. Il est mort prématurément le 23 avril 1863, en me laissant sa nombreuse clientèle.

Quant à moi, je suis actuellement âgé de trente-cinq ans ; il y a dix ans que je pratique la médecine, et comme je jouis d'une parfaite santé, j'ai tout lieu d'espérer que ces bruits auxquels je fais allusion ne se confirmeront pas de longtemps. J'espère ainsi tranquilliser sur mon sort les nombreux amis que j'ai en France, depuis le temps où j'étais étudiant à Paris.

Le second motif qui m'a poussé à la publication de ce travail a été de faire connaître à mes confrères les changements et les améliorations apportés à notre établissement thermal d'Ems, et d'attirer leur attention sur des sources nouvellement découvertes, les sources du Roi Guillaume (Königs Wilhelms Felsenquelle).

Ems-les-Bains, mars 1870.

Dr Albert DOERING.

EMS-LES-BAINS

(BAD-EMS)

CHAPITRE PREMIER

LES SOURCES ET LES ÉTABLISSEMENTS DE BAINS

I. ORIGINE ET POSITION DES SOURCES.

Les sources thermales d'Ems jaillissent presque toutes sur le côté sud-est du Baederberg et du Baederlay, et sont les unes derrière, les autres devant le Kurhaus, le Steinernenhaus, le bain des Pauvres, l'hôtel de Nassau, l'hôtel de l'Europe, et dans les canaux de dérivation qui vont du Kurhaus à la Lahn. Une autre partie des sources thermales se trouve dans le lit même de la Lahn et dans les bâtiments situés sur la rive gauche de cette rivière. On n'a pu encore déterminer exactement jusqu'où le terrain des sources s'étend dans l'intérieur du pays : sur la rive droite, elles se trouvent sur une bande d'environ 125 mètres de long, limitée à l'est par le Steinernenhaus, à l'ouest par l'hôtel de l'Europe. Au delà de ces deux points extrêmes, on ne rencontre plus dans la contrée de sources thermales, mais bien

des sources acidules froides, comme celles que l'on a décou-
vertes en creusant les fondements du Kursaal et de l'hôtel des
Quatres-Saisons. Il en est de même sur la rive gauche de la
Lahn.

Toutes les sources thermales jaillissent d'un grès très-
compacte, passant à la quartzite, et que l'on a appelé le grès
à spirifères ; il est disposé par assises épaisses, stratifiées,
avec lesquelles alternent par places des couches plus ou
moins fortes de schistes alunés. La plupart des sources jaillissent de failles qui traversent ces bancs ; c'est ce que l'on
voit au Kraenchen et à la source du roi Guillaume.

Ceux de mes honorables confrères qui voudraient connaître plus à fond l'origine, le jaillissement des sources d'Ems,
et la configuration géologique de la contrée, je les renverrai
à mes deux derniers ouvrages sur les eaux d'Ems : — *Traité
sur les eaux thermales d'Ems*, par le docteur Albert Dœring,
Paris, 1866, librairie internationale ; — *Bad-Ems. Die Thermen von Ems, zur Orientirung für den Arzt und als Handbuch für den Kurgast geschildert*, von Doctor Albert Döring,
Berlin, 1869, Hirschwald'sche Buchhandlung.

Nous allons passer maintenant de suite à l'étude des sources et des établissements de bains, qui sont les uns des propriétés de l'État, les autres des propriétés particulières.

II. SOURCES ET ÉTABLISSEMENTS DE BAINS APPARTENANT A L'ÉTAT.

Je me suis proposé de n'insister que sur les changements
apportés récemment à Ems ; je pourrai donc être bref sur ce
chapitre.

Le Kurhaus, avec ses deux sources renommées depuis des

siècles, le Kesselbrunnen et le Kraenchen, a été décrit si souvent que je crois tout à fait inutile d'en donner une nouvelle
description ; on trouvera tous les renseignements désirables
soit dans les ouvrages de mon père, soit dans les miens.

L'État possède trois sources : le Kesselbrunnen, le Kraenchen et le Furstenbrunnen (source des princes), dont nous
donnons plus bas l'analyse. Elles se trouvent toutes trois
dans le Trinkhalle, au-dessous du Kurhaus.

Des six *établissements de bains*, quatre appartiennent au
domaine de l'État. Ce sont les suivants :

a. Les bains du Kurhaus. — Ils sont disposés pour recevoir simultanément un grand nombre d'étrangers, de tout
état et de tout rang. Il y a soixante baignoires, disposées dans
toute l'étendue du rez-de-chaussée du bâtiment. Au premier
étage se trouvent aussi quelques cabinets de bains, très-élégants, très-confortables, et communiquant avec les chambres
voisines. Jusqu'à ces derniers temps, l'installation de ces
bains laissait fort à désirer ; mais depuis la construction d'établissements particuliers, la concurrence a produit ses bons
effets, et, chaque année, un certain nombre de cabinets de
bains sont appropriés.

L'eau de ces bains provient, en partie des sources captées
dans le Kurhaus lui-même, en partie de celles situées sur la
rive gauche de la Lahn.

b. Les bains du Steinernenhaus. — Ils se trouvent au
sous-sol de ce bâtiment ; ils sont sombres et obscurs. L'eau
en est fournie par plusieurs sources émergeant sur les lieux.

c. Le bain neuf de la rive gauche. — Cet établissement
renferme quarante-cinq cabinets de bains, bien aérés, spa-
cieux, confortables. Ils reçoivent leur eau de la Neuquelle ou

source neuve, source très-abondante, jaillissant sur la rive gauche de la Lahn, et qui a été captée en 1850. L'eau est élevée au moyen d'une machine à vapeur ; puis, soit chaude, soit refroidie dans deux réservoirs, elle est conduite par des tuyaux en fonte, partie dans le Bain neuf, partie par-dessus la Lahn, dans l'ancien bain (Lahnbau), et dans les :

d. Bains des Quatre-Tours (Badehaus zu den vier Thürmen). — Ils contiennent 30 cabinets, parfaitement disposés.

III. SOURCES ET ÉTABLISSEMENTS DE BAINS APPARTENANT A DES PARTICULIERS.

a. Les sources du roi Guillaume (König Wilhelm's Felsenquelle). — L'on donne ces noms à quatre sources, jaillissant dans les cours des hôtels de l'Europe et de Nassau, et appartenant à MM. Balzer et Becker. Il y a une vingtaine d'années déjà que l'on avait remarqué que de l'eau chaude sortait d'un rocher, dans la cour située derrière l'hôtel de Nassau. En 1854, le propriétaire, M. Ebner voulut faire creuser une cave ; à ce moment, il jaillit d'une fente du rocher une source d'eau chaude, limpide, très-abondante, qui s'élevait jusqu'à une hauteur de onze pieds au-dessus du sol. L'eau en fut analysée par le docteur Mohr, professeur de chimie à Bonn, et les résultats de cette analyse vinrent montrer qu'elle provenait de la même origine que toutes les autres sources thermales d'Ems.

L'eau de la source du roi Guillaume a une température de 40°,5 centigrades, ou 32°,4 Réaumur. L'analyse quantitative a donné les résultats suivants :

1,000 centimètres cubes d'eau contiennent :

	Grammes.
Carbonate de soude	1,3265
— de potasse	0,0238
Chlorure de sodium	0,9782
Sulfate de soude	0,0719
Carbonate de chaux	0,1520
— de magnésie	0,0946
Oxyde de fer	0,0035
Alumine	0,0125
Silice	0,0590
Total des substances fixes	2,7220

Les carbonates y sont à l'état de bicarbonates ; cette eau renferme en outre en volumes 10,516 d'acide carbonique libre, à la pression et à la température normales.

En comparant les résultats des analyses des trois sources, Kraenchen, Kesselbrunnen et source du roi Guillaume, on ne trouve que des différences assez faibles pour pouvoir toutes les rapporter à des erreurs d'observation. On est en droit donc de conclure que la quantité des substances fixes, celles du chlorure de sodium, des sels calcaires, des sels alcalins sont les mêmes dans ces trois sources ; qu'elles ont toutes trois la même composition, sous le rapport de leurs substances fixes, et que la différence dans la quantité d'acide carbonique libre résulte des différences dans les températures de ces sources. De cette identité de composition chimique, il résulte que ces trois sources doivent avoir les mêmes propriétés thérapeutiques.

Les sources du roi Guillaume fournissent en 24 heures assez d'eau pour donner 250 bains.

Les propriétaires des deux hôtels de l'Europe et de Nassau ont construit un superbe établissement de bains, renfermant 25 cabinets, très-élégants et offrant tout le confortable désirable. Les baignoires sont en porcelaine blanche et en marbre, et dans la plupart des cabinets se trouve un appareil à douches parfaitement installé.

Une des ailes du bâtiment est réservée aux dames ; on y trouve des douches ascendantes, si employées dans le traitement des maladies des femmes.

En creusant les fondations de cet établissement, on découvrit deux sources, qui sont maintenant également captées, et dont l'eau est donnée en boisson : ce sont les sources Augusta (Augustafelsenquelle) et Victoria (Victoriafelsenquelle), auxquelles a été ajoutée l'hiver dernier la source Ferrugineuse (Eisenfelsenquelle). Ces trois sources se trouvent maintenant dans une petite Trinkhalle, construite sur la façade antérieure de l'établissement des bains. Lorsqu'on y entre par la porte de l'hôtel de l'Europe, on a les trois sources devant soi, la source Augusta à gauche, la source Victoria à droite, et la source Ferrugineuse au milieu.

La *source Augusta* (Augustafelsenquelle) jaillit à l'angle oriental de la cour de derrière de l'établissement de bains, à 13 mètres de celle du roi Guillaume, à 20 mètres de la source Victoria. Il y a 34 mètres entre la source Victoria et le Kraenchen ; 53 mètres entre la source du roi Guillaume et le Kraenchen ; 7 mètres entre le Kraenchen et la source des Princes ; 68 mètres entre celle-ci et le Kesselbrunnen. En allant de l'est à l'ouest, on trouve d'abord le Kesselbrunnen, puis la source des Princes, le Kraenchen et la source Victoria, et, vers le nord-ouest, la source Augusta et celle du roi Guillaume. La source Augusta jaillit d'une fente du rocher, contre laquelle est appliqué immédiatement le tuyau en étain, qui la conduit dans la Trinkhalle.

L'eau de cette source a été analysée par le professeur

Fresenius, en 1865, et voici les conclusions de son rapport :

« L'eau est parfaitement limpide et incolore. Les parois du verre qui la contient se couvrent de bulles d'acide carbonique. En la secouant dans une bouteille à demi remplie, il se dégage du gaz en quantité considérable. Au goût, elle est légèrement acide, fraîche, agréable. Elle est parfaitement inodore ; mais si on la secoue dans une bouteille à demi remplie, le gaz qui se dégage a une odeur d'hydrogène sulfuré. En la mettant sur la main, on reconnaît tout de suite à son action sur la peau sa nature alcaline.

Le 1er août 1865, la source fournissait en une minute 2,386 centimètres cubes, soit en une heure 143 litres, et en 24 heures 3,432 litres. Sa température est de 39°,2 centigrades, ou 31°,36 Réaumur.

La densité de l'eau est, à 21° centigrades, de 1,00297.

Cette eau contient dans une livre = 7,680 grains.

	Grains.
Bicarbonate de soude	15,284844
— de lithine	0,001078
— d'ammoniaque	0,057208
Sulfate de soude	0,044659
Chlorure de sodium	7,354744
Bromure de sodium	0,000446
Iodure de sodium	0,000023
Phosphate de soude	0,001459
Sulfate de potasse	0,502241
Bicarbonate de chaux	1,710129
— de baryte	0,003672
— de strontiane	0,006743
— de magnésie	1,827387
— de protoxyde de fer	0,021450
— de protoxyde de manganèse	0,001001
Phosphate d'alumine	0,000783
Silice	0,363541
Total des substances fixes	27.186808
Acide carbonique libre	7,854720
Total	35,041528

On y trouve en outre, en quantités impondérables :

Acide borique................	traces.
Oxyde de cæsium.............	très-faibles traces.
Oxyde de rubidium...........	id.
Hydrogène sulfuré...........	{ traces. / excessivement faible.
Fluor.......................	faibles traces.
Azote.......................	traces.

En volume, à la pression atmosphérique normale, on trouve :

A. *Acide carbonique libre.*

sur 1000 cent. cub. d'eau...........	590,6 cent. cub.
sur 1 livre = 32 pouces cubes d'eau.	18,90 pouc. cub.

B. *Acide carbonique libre et à demi combiné.*

sur 1000 cent. cub. d'eau...........	1016,4 cent. cub.
sur 1 livre = 32 pouces cubes d'eau..	32,52 pouc. cub.

Pour la comparaison de cette analyse avec celle des autres sources, nous renvoyons au tableau qui se trouve à la fin de cette brochure.

La *source Victoria* (Victoriafelsenquelle) jaillit d'une fente du rocher, à 34 mètres au nord-ouest du Kraenchen, à 33 mètres au sud-ouest de la source du roi Guillaume, à 20 mètres au sud de la source Augusta, immédiatement au pied du mur sud-est de l'hôtel de Nassau, du côté du Kraenchen. L'eau est conduite dans la cour, entre le Bain Neuf et l'hôtel de l'Europe.

Cette eau est limpide et incolore. Son goût est légèrement salé, un peu acidulé, agréable. La sensation qu'elle produit sur la peau indique déjà qu'elle est alcaline.

Le 17 mars 1869, la source fournissait en 56 secondes 1,200 centimètres cubes d'eau, soit, en une minute, 1^{lit},286, en une heure, 77^{lit},16, en 24 heures 1851^{lit},81.

La température, au point où elle est captée, est, la température ambiante étant de 12° centigr. ou 9°,6 Réaumur, de 27°,9 centigr. ou 22°,3 Réaumur.

La densité de l'eau, à une température de 14°,5 centigr., est de 1,00323.

Cette eau renferme les principes suivants :

dans 1 *livre d'eau* = 7,680 grains.

Bicarbonate de soude	15,514014
— de lithine	0,010075
— d'ammoniaque	0,047063
Sulfate de soude	0,139423
Chlorure de sodium	7,386017
Bromure de sodium	0,002196
Iodure de sodium	0,000027
Phosphate de chaux	0,000684
Sulfate de potasse	0,346329
Bicarbonate de chaux	1,625717
— de baryte	0,004039
— de strontiane	0,011667
— de magnésie	1,507622
— de protoxyde de fer	0,013924
— de protoxyde de manganèse	0,001943
Phosphate d'alumine	0,001029
Silice	0,371712
Total des principes fixes	26,984281
Acide carbonique libre	9,217989
Total	36,202270

En quantité impondérable, elle renferme :

Acide borique................ traces.
Oxydes de cæsium et de rubi-
  dium...................... très-faibles traces.
Hydrogène sulfuré.............. traces excessivement
  faibles.
Fluor.......................... faibles traces.
Azote.......................... traces.

En volume, cette eau renferme à la pression normale et à la température de la source :

A. *Acide carbonique libre.*

sur 1000 cent. cub. d'eau............. 673,20 cent. cub.
sur 1 livre = 32 pouces cubes d'eau.   21,54 pouc. cub.

B. *Acide carbonique libre et à demi combiné.*

sur 1000 cent. cub. d'eau............. 1081,6 cent. cub.
sur 1 livre = 32 pouces cubes d'eau.   34,61 pouc. cub.

En comparant ces analyses à celles des autres sources d'Ems, on voit que toutes ces sources ont à très-peu près les mêmes principes fixes. Les différences sont si faibles qu'on ne peut expliquer par elles les différences dans leur action. Elles résultent de la différence de température et de la quantité d'acide carbonique libre.

C'est donc sur la température et sur la richesse en acide carbonique qu'il faut se baser pour choisir telle ou telle source, c'est à l'expérience et au tact du médecin à indiquer quelle source convient à telle constitution ou à telle forme de maladie.

Pour ce qui est des sources Augusta et Victoria, voici plus

de deux cents malades que j'y ai traités, et je me suis convaincu qu'elles peuvent être mises sur le même rang que les anciennes sources d'Ems.

J'ai surtout employé, et avec succès, l'eau de la source d'Augusta contre les affections de l'appareil respiratoire, et j'ai donné celle de la source Victoria contre les maladies de l'appareil digestif, principalement les gastrites chroniques, l'hypertrophie du foie, l'inflammation. catarrhale des voies biliaires, et j'en ai retiré d'excellents résultats.

Depuis que la température du Kraenchen s'est élevée de 23°,6 Réaumur à 30° Réaumur, la source Victoria, avec sa température de 22°,3 Réaumur, est la plus froide de toutes les eaux d'Ems ; c'est aussi celle qui contient le plus d'acide carbonique ; ce qui facilite beaucoup son transport en cruches et en bouteilles. L'administration des sources soigne beaucoup le remplissage de ces bouteilles. Je crois que la découverte de la source Victoria a enrichi nos moyens thérapeutiques, et je suis persuadé que dans un court avenir, les excellents résultats qu'elle aura produits augmenteront encore la célébrité des eaux d'Ems.

L'administration royale des eaux d'Ems expédie les eaux du Kraenchen et du Kesselbrunnen, et les pastilles préparées avec les sels de ces sources ; de même l'administration des sources du roi Guillaume expédie les eaux des sources du roi Guillaume, Augusta et Victoria, ainsi que les pastilles préparées avec leurs sels.

La *source Ferrugineuse* (Eisenfelsenquelle) jaillit à 67 mètres à l'ouest de la source du roi Guillaume ; on l'a découverte par hasard l'hiver dernier, en faisant sauter un rocher, derrière l'hôtel des Quatre-Saisons.

Elle a une température de 17° Réaumur, et elle fournit en une heure 360 litres d'eau, soit en 24 heures 8,640 litres.

L'eau jaillit d'une fente de rocher, jusqu'à une hauteur de 1^m,75.

Elle renferme, d'après l'analyse du professeur Fresenius :

Dans 1 livre d'eau = 7,680 grains.

Sulfates de potasse et de soude.........	0,3180
Chlorure de sodium.......................	0,7196
Bicarbonate de soude....................	0,1905
— de protoxyde de fer........	0,2143
— de protoxyde de manganèse.	traces.
— de chaux...................	0,9838
— de magnésie..............	0,5215
Silice...................................	0,1275
Total.........................	3,0752

Elle contient une faible quantité d'acide carbonique libre, qui n'a pas encore été déterminée.

En comparant cette analyse à celle de la source Weinbrunnen de Schwalbach, on voit que cette eau renferme environ les deux tiers de la quantité de carbonate ferreux que contiennent les eaux de Schwalbach. Les autres principes fixes sont dans toutes deux en égales proportions. Ces deux sources diffèrent essentiellement par leur température et par la quantité d'acide carbonique libre ; tandis que le Weinbrunnen de Schwalbach a une température de 7 à 8° Réaumur, et renferme par livre 45,6 pouces cubes d'acide carbonique libre, la source ferrugineuse d'Ems a une température de 17° R., et ne contient que très-peu d'acide carbonique libre. Il en résulte pour celle-ci un caractère tout particulier, et nous pouvons espérer qu'elle prendra aussi rang un jour parmi les sources d'Ems les plus efficaces.

« Si, par suite de l'usage d'une eau ferrugineuse, » dit le docteur Jul. Braun (1), « il se produit des congestions vers « les organes thoraciques, ou vers la tête, ce n'est pas au « fer qu'il faut les rapporter, mais à l'acide carbonique con- « tenu dans l'eau, et, dans ces cas, il faut, soit débarrasser « l'eau le plus possible de son acide carbonique, soit em- « ployer les préparations ferrugineuses ordinaires. »

Et plus loin :

« La plupart des eaux ferrugineuses sont froides ; mais, « généralement, l'estomac des jeunes filles chlorotiques re- « fuse d'absorber de grandes quantités d'eau froide, surtout « si elle contient de l'acide carbonique. Aussi, est-il bon « de réchauffer cette eau, ou d'y mêler du lait chaud. »

Cette citation montre quelle doit être l'action de notre eau ferrugineuse, et, l'an dernier, nous avons vu en effet, mes confrères et moi, des malades de ces deux catégories se trouver admirablement bien de l'emploi de l'eau ferrugineuse d'Ems. Chez des sujets devenus anémiques, à la suite de longues gastrites, entérites et bronchites chroniques, j'ai obtenu d'excellents résultats en faisant prendre les eaux des deux sources ferrugineuse et Victoria, en certaines proportions. Et, comme la source Ferrugineuse jaillit dans la cour de l'hôtel de l'Europe, entre les sources Victoria et Augusta, ce mode d'administration ne rencontre aucune difficulté.

b. Le deuxième établissement de bains qui soit une propriété privée se trouve dans le jardin de l'hôtel du Prince de Galles ; il appartient à M. Chr. Balzer ; c'est le *Römerbad* ou *Bain Romain*. Il renferme 14 cabinets. Les sources qui

____

(1) J. Braun, *Abhandlung vom Emser Rineralwasser*. Darmstadt, 1781.

l'alimentent se trouvent dans le bâtiment attenant à l'hôtel du Prince de Galles. Elles ont été captées nouvellement en 1858 ; elles jaillissent sur la rive gauche de la Lahn, à environ soixante pas de la rivière, à cent dix pas de la Source Neuve et à quinze pas du Bain Neuf. Ces sources sont extrêmement abondantes ; quatre fortes pompes, débitant de 28 à 30 pieds cubes par minute, n'étaient pas en état de faire baisser sensiblement le niveau de l'eau.

La température de ces sources est de 36° R., et monte jusqu'à 38° R., quand le débit de l'eau est accéléré.

L'analyse chimique en fut faite en 1865 par le professeur Mohr, de Bonn ; les résultats en sont les mêmes que pour les autres sources d'Ems.

Une livre d'eau = 7680 grains renferme :

Bicarbonate de soude	17,3810
— de potasse	0,3670
Chlorure de sodium	7,8360
Sulfate de soude	0,4443
Bicarbonate de chaux	1,7480
— de magnésie	1,5340
Silice	0,2688
Oxyde de fer	0,0246
Alumine et acide phosphorique	0,3287
Total des substances fixes	29,9324
Acide carbonique libre	4,3963
Total	34,3.87

Cette source ne diffère donc des autres que parce qu'elle contient moins d'acide carbonique.

Les cabinets de bains sont disposés avec tout le confortable désirable, et renferment des appareils de douche bien installés.

c. Le *Bain des Pauvres* (Armenbad). — Outre ces établissements, appartenant soit à l'État, soit aux particuliers, il s'en trouve à Ems un septième, le *Bain des Pauvres* (Armenbad), destiné à recevoir les indigents de tous les pays et de tous les cultes. Il est situé au-dessous du Kurhaus. Il a été construit en 1821, partie aux frais du domaine, partie sur des fonds spéciaux.

Cet établissement possède une source, d'une température de 29° 1/2 à 32° R., et qui alimente 6 cabinets de bains; et deux sources servant à la boisson, et ayant une température l'une de 34° R., l'autre de 26° R. L'analyse chimique n'a révélé aucune différence essentielle entre ces eaux et celles des autres sources d'Ems.

L'établissement contient 48 lits; il est ouvert du 1er mai au 30 septembre. Pour être admis, les malades doivent en faire la demande longtemps à l'avance à la Direction, en y ajoutant un certificat d'indigence, délivré par leur commune, et un certificat de maladie, donné par le médecin. Une fois reçu, le malade n'a aucuns frais à supporter; il reçoit gratuitement le logement, les eaux, les bains, les soins médicaux, les médicaments, le blanchissage, une nourriture réconfortante.

Les frais d'entretien sont fournis par les intérêts du fond de l'établissement, et par les dons des baigneurs aisés.

L'on peut dire d'une manière générale que les bains d'Ems répondent à tout ce que l'on est en droit d'exiger aujourd'hui de pareils établissements; les établissements particuliers et plusieurs bains du Kurhaus, ceux surtout de la Bubenquelle sont réellement luxueux.

Je veux encore ajouter quelques mots sur les douches, sur celles notamment de la Bubenquelle.

Dans tous les bains se trouvent en nombre suffisant des douches en jet et en pluie ; dans les six établissements particuliers surtout, on rencontre tous les appareils désirables.

Le genre de douches le plus usité, c'est la douche ascendante. C'est un moyen très-actif dans les affections des organes génitaux de la femme, surtout du col de l'utérus ; mais, dans ces derniers temps, on en a abusé au grand détriment des malades, aussi ne faut-il s'en servir qu'avec précaution et seulement sur la prescription d'un médecin. On a souvent vu l'abus de ce moyen amener des inflammations de l'utérus et de ses annexes.

Dans l'emploi de la douche ascendante, une chose importante est le degré de température de l'eau ; aussi, sur mon conseil, a-t-on disposé, dans les bains de la source du roi Guillaume, des appareils qui permettent d'avoir l'eau de la douche presque instantanément à la température voulue.

Ce dont on a surtout abusé, c'est le bain dit de la Bubenquelle, douche ascendante, de forme particulière, disposée dans un cabinet élégant et mystérieux du Kurhaus. Ems, depuis longtemps était renommée comme guérissant la stérilité, lorsqu'il vint à l'idée d'un maître maçon de l'exploiter, sans se douter certes de l'avenir qui était réservé à ce bain.

La Bubenquelle est mentionnée pour la première fois, en 1781, par F. A. Cartheuser (1). C'était alors un simple bain, ayant sa source spéciale. La douche ascendante fut construite au commencement du siècle par le maître maçon

______

(1) Cartheuser, *Abhandlung vom Emser Rineralwasser*. Darmstadt, 1781.

J. Balzer, sur les conseils du docteur Diel et de quelques autres médecins.

Les plus anciens auteurs qui ont écrit sur Ems, Dryander, Weigel, Horst, Jüngken, mentionnent l'action de ses eaux contre la stérilité; la Bubenquelle avec ses appareils n'existait pas encore, ce n'est donc pas à cette source qu'Ems doit sa renommée.

Dans ce cabinet, jaillit obliquement, du fond de la baignoire, un jet d'eau qui s'élève jusqu'à 2 pieds, et est à une température de 28 à 29° R. Au-dessus du jet d'eau est disposé un tabouret percé, sur lequel la femme prend place, de telle façon que l'eau vienne frapper avec assez de force les parties génitales externes; le système nerveux génital en est impressionné d'une façon sur laquelle il est inutile d'insister; chaque médecin peut se figurer ce qui se passe quand ce bain a duré ainsi de cinq à dix minutes.

D'après mon expérience, la Bubenquelle ne convient qu'aux femmes de tempérament froid et phlegmatique, dont le système nerveux génital est peu impressionnable, et, dans ce cas, il est bon que leurs maris les accompagnent, car il est assez rare que l'excitation obtenue persiste quelque temps.

On peut encore l'employer dans les cas de stérilité consécutifs à un développement retardé de tout l'appareil génital, comme on l'observe chez les femmes qui se marient trop jeunes. Il faut alors recourir à la douche ascendante interne et externe.

Pour donner la douche ascendante interne, on se sert d'un tube de caoutchouc, fixé au robinet de la source, et que l'on introduit dans le vagin, de façon à ce que l'eau vienne frapper directement l'utérus. Elle est indiquée dans tous les cas où l'on emploie les douches chaudes, dans les engorgements du col de l'utérus, du museau de tanche, sans inflammation, et dans les cas de règles trop peu abondantes. Elle est contre-indiquée dans les cas de trop grande irritabilité du système nerveux, de propension aux métrorrhagies, de relâchement du tissu utérin, de prédisposition aux congestions pulmonaires ou cérébrales.

CHAPITRE II

ACTION THÉRAPEUTIQUE DES EAUX D'EMS.

L'action d'une eau minérale est sous la dépendance de trois facteurs :

1° L'action de l'eau en tant qu'eau ;

2° La température ;

3° Les substances fixes ou volatiles qui y sont dissoutes.

Il est inutile, je crois, d'insister sur l'action de l'eau en elle-même, ainsi que sur celle de la température. Quant aux substances dissoutes, les plus importantes que nous ayons à considérer, ce sont l'acide carbonique, le bicarbonate de soude, le chlorure de sodium et le protoxyde de fer.

« Aujourd'hui, dit le docteur Braun (1), dans l'état actuel de nos connaissances au sujet de l'action des eaux alcalines, on n'accorde plus aux eaux d'Ems un pouvoir spécifique, on ne leur reconnaît plus que les propriétés qui découlent de leur alcalinité moyenne, du peu d'acide carbonique, de la faible quantité de chlorure de sodium qu'elles renferment et de leur température. »

Et plus loin :

« Les sources d'Ems sont des eaux alcalines moyennes ;

(1) Braun, *Grundzüge der allgemeinen Balneologie*. Berlin, 1865.

elles conviennent parfaitement aux catarrhes du larynx et des bronches, et leur action est encore aidée par celle de la douceur et de l'humidité du climat. »

Elles contiennent à la fois du chlorure de sodium et du bicarbonate de soude, et, à ce sujet, Braun dit :

« Les proportions dans lesquelles se trouvent le chlorure de sodium et le bicarbonate de soude dans une même eau minérale, ont un très-grand intérêt pratique, car :

a) Ces deux substances paraissent agir également, et se remplacer l'une l'autre pour dissoudre l'albumine et la fibrine ;

b) Le chlorure de sodium agit plus rapidement et plus longtemps que le bicarbonate de soude ;

c) De là, l'influence nutritive de faibles doses de chlorure de sodium, tandis que le bicarbonate de soude fait maigrir ;

d) Le chlorure de sodium empêche la dissolution des globules sanguins dans une solution albumineuse ; ce fait expérimental semble démontrer les propriétés conservatrices du chlorure de sodium, introduit dans le sang. »

Je ne veux pas insister davantage sur les propriétés physiologiques de nos eaux, et je me contente de renvoyer le lecteur à mes autres ouvrages sur Ems, où il trouvera tous les renseignements désirables. Je me contenterai de formuler les propositions suivantes.

1° Les eaux d'Ems agissent comme bases, et augmentent l'alcalinité du sang ;

2° Elles augmentent la sécrétion urinaire ;

3° Elles augmentent la sécrétion de la sueur ;

4° Elles modifient et diminuent les sécrétions des muqueuses ;

5° Elles agissent comme expectorants ;

6° Elles activent les métamorphoses régressives ; en même temps, par leur chlorure de sodium, elles contribuent à la formation des cellules, et au travail d'assimilation ;

7° Elles dissolvent les exsudats dans l'intérieur des organes, favorisent leur résorption et leur élimination ;

8° Par leur chlorure de sodium et leur bicarbonate de soude, elles augmentent l'activité des organes digestifs ;

9° Elles peuvent produire au début de leur emploi une constipation, dont on triomphe facilement par un régime convenable.

Si l'eau d'Ems est prise à doses modérées et dans des cas où elle est indiquée, elle agit comme excitant légèrement l'estomac, facilement digestible, et pénétrant rapidement dans la circulation. Si, dans l'espace d'une à deux heures, on boit de deux à six verres d'une contenance de 4 à 8 onces (ce sont les verres ordinaires d'Ems), de l'eau d'une des sources froides, on ne sent aucun effet immédiat, si ce n'est une légère sensation de chaleur à la région stomacale. Si on boit une eau plus chaude, ayant la température du sang ou une température encore plus élevée, la sensation de chaleur se répand dans tout le corps, en partant de l'estomac ; le pouls est plein, un peu accéléré ; la respiration accélérée aussi, et l'activité des fonctions cutanées est augmentée. Parfois, au début de la cure, et chez des personnes extrêmement sensibles, on observe un soulèvement de l'épigastre, une sensation de plénitude, un peu de vertiges et de céphalalgie. Ces phénomènes ne se manifestent pas seulement dans les cas où les eaux d'Ems sont contre-indiquées ; ils doivent être attribués à la température de l'eau et à son acide carbonique ; ils ne tardent pas à disparaître au bout de quelques jours.

Dans l'estomac se produisent d'abord des phénomènes chimiques. Les acides du suc gastrique sont neutralisés dans une quantité correspondante à celle des alcalins absorbés ; la sécrétion stomacale est modifiée dans sa quantité et dans sa qualité ; il y a une légère irritation, qui active la digestion, l'appétit est augmenté. La digestion est plus rapide, plus régulière, plus complète. Au début, les évacuations intestinales sont diminuées, les masses fécales sont plus dures et plus sèches, ce qu'il faut rapporter sans doute à l'augmentation des autres sécrétions. Cette tendance à la constipation se manifeste moins, si l'on fait usage d'une source froide, contenant beaucoup d'acide carbonique, comme la source Victoria, que si l'on boit l'eau d'une source chaude, comme le Kesselbrunnen.

Rarement l'eau d'Ems provoque la diarrhée ; il y a cependant des personnes chez lesquelles elle a cette action. Mais, dans la majorité des cas, la diarrhée indique un mauvais usage de l'eau, ou un écart de régime. Le plus souvent, elle résulte de l'ingestion, en trop peu de temps, d'une trop grande quantité d'eau qui agit alors sur l'intestin à la façon d'un irritant mécanique. Pour les personnes chez lesquelles il y a contre-indication à l'usage des eaux d'Ems leur administration peut amener des accidents regrettables, il se produit chez elles de l'agitation, de l'insomnie, des palpitations, de l'angoisse, de la céphalalgie, des vertiges, des hémorrhagies.

Nous nous occuperons plus loin des indications et des contre-indications à l'emploi des eaux d'Ems.

Il y a des malades chez lesquels les eaux sont parfaitement indiquées ; mais leur usage trop prolongé peut amener des accidents : sensation de faiblesse, mauvaise humeur, irritabilité, céphalalgie, somnolences, rêves agités, diminution de l'appétit, augmentation de la soif, bouche pâteuse ou amère, pesanteur d'estomac, flatulence, accélération du pouls, tous les symptômes en un mot d'un embarras gastrique à forme nerveuse. L'urine est alcaline et renferme du carbonate d'ammoniaque.

On désignait autrefois cet état sous le nom d'état de saturation, mais, aujourd'hui, nous croyons que c'est au contraire un état d'hypersaturation, devant lequel il faut tout d'abord interrompre la cure, puis recourir à une médication appropriée, si on veut en éviter les suites fâcheuses, l'apparition de ce que Trousseau a désigné sous le nom de *cachexie alcaline*. La quinine et les acides sont les préparations à employer dans ces cas.

Chez la plupart des malades, les eaux ne produisent aucun symptôme appréciable du côté des organes des sens. Elles agissent, au contraire, en améliorant peu à peu la constitution en activant et en favorisant le travail d'assimilation et de désassimilation.

On ne peut donc regarder les eaux d'Ems ni comme un affaiblissant des forces vitales, ni comme un fortifiant immédiat. Elles activent lentement au contraire les fonctions et modifient l'organisme en agissant sur la composition intime du sang, et quand le docteur Diel appelle les eaux d'Ems les amies silencieuses de la végétation, il indique parfaitement leur action essentielle.

Avant d'aborder le chapitre des indications et dés contre-indications, je crois devoir dire encore quelques mots de l'*action comparée* des diverses sources thermales d'Ems.

Les différences dans les vertus thérapeutiques des diverses sources ne sont pas à rapporter à des différences dans leurs principes fixes ; celles-ci sont trop faibles en effet pour qu'on puisse en tenir compte. La cause en est dans la température et la quantité d'acide carbonique qui.varient suivant les sources.

La plus chaude de toutes les sources données en boissson est le Kesselbrunnen ; elle a une température de $37°$ à $38°$ Réaumur, de $46,25$ centigrades, d'après Fresenius ; c'est celle qui contient la plus faible quantité d'acide carbonique libre. Puis vient un groupe formé de trois sources : le Kraenchen, à une température de $29°,30°$ Réaumur (en 1851, elle n'était que de $29°,5$ centigrades $= 23,6$ R. ; en 18 ans, sa température est ainsi montée de 7 degrés); la source Augusta, à une température de $31°,36$ Réaumur (la quantité d'acide carbonique y est à peu près la même que dans l'eau de la source Kraenchen ; elle doit avoir les mêmes propriétés thérapeutiques) ; et la source des Princes (Fürstenbrunnen) à une température de 31 à $32°$ Réaumur, et renfermant un peu moins d'acide carbonique que les deux autres.

En troisième lieu, vient la source Victoria, à une température de $27°,9$ centigrades $= 22°, 3$ Réaumur ; elle contient le plus d'acide carbonique, elle a un léger goût acidule, et convient très-bien pour le transport.

Vu sa haute température, le Kesselbrunnen est surtout employé dans les cas où l'on veut agir à la périphérie. Par sa chaleur, cette eau excite le sang il en résulte une augmentation des fonctions de la peau, de la transpiration, tandis que les sécrétions intestinales sont diminuées. Elle excite momentanément la muqueuse aérienne et détermine l'expectoration. L'irritation du système vasculaire ainsi produite n'est que passagère et peu durable.

La source Victoria est la plus froide, et celle qui contient le plus d'acide carbonique. Par cet acide, elle amène une excitation prolongée de la circulation ; elle active l'assimilation ; elle excite la sécrétion rénale ; elle ne détermine que peu ou point de constipation ; elle est donc à employer dans les cas où l'on veut activer l'excrétion rénale plutôt que l'excrétion cutanée. Tandis qu'à une personne sensible et irritable, prédisposée aux affections spasmodiques, on ordonnera l'eau du Kesselbrunnen, on donnera l'eau de la source Victoria aux individus lymphatiques, à circulation lente, à muqueuses faibles, atoniques.

Les eaux du groupe moyen, celles du Kraenchen, des sources Augusta et des Princes, seront employées dans les cas où l'on aurait à craindre une trop grande excitation de l'appareil circulatoire, soit par la température du Kesselbrunnen, soit par l'acide carbonique de la source Victoria ; ainsi que dans les cas où l'on ne peut savoir à l'avance quelle réaction organique provoqueront les eaux d'Ems.

Je ferai remarquer que les eaux du Kraenchen et de la source Augusta, qui sont plus froides et plus riches en acide carbonique, préparent à l'emploi de celles de la source Victoria ; tandis que celles de la source des Princes, plus chaudes et moins chargées d'acide carbonique, préparent à l'emploi du Kesselbrunnen.

A l'étranger, on ne connaissait autrefois que le Kraenchen, qui a été capté au quinzième siècle. Le Kesselbrunnen fut capté au commencement du dix-huitième siècle ; plus tard, on en expédia les eaux et, dans ces dernières années, on a fait de même pour les sources Augusta et Victoria. Les principes fixes étant les mêmes, c'est la source Victoria qui convient surtout pour l'exportation ; c'est elle en effet qui contient le plus d'acide carbonique, ce qui lui donne un goût agréable, et la fait se conserver parfaitement.

On exporte aujourd'hui un million de cruchons d'eau d'Ems par an : c'est la meilleure preuve que, même au loin, on connaît et on apprécie l'action bienfaisante de nos eaux.

CHAPITRE III

EMPLOI DES EAUX D'EMS DANS LE TRAITEMENT DES MALADIES CHRONIQUES.

1. INDICATIONS ET CONTRE-INDICATIONS DES EAUX D'EMS EN GÉNÉRAL.

Ce qui fait la célébrité et la prospérité durable d'une station thermale, c'est le nombre de malades qui la quittent, guéris ou du moins améliorés, et non le nombre de ceux qui y sont attirés, qui y viennent, quand même le traitement leur en serait inutile ou nuisible. Aussi veux-je préciser autant que possible les indications à l'emploi des eaux d'Ems, en m'appuyant pour cela et sur mon expérience personnelle et sur les observations détaillées, recueillies par mon père, dans les trente années de sa pratique.

Nous admettons que les eaux d'Ems n'ont pas une action spécifique, et qu'elles agissent par leur alcalinité moyenne (15 grains de bicarbonate de soude par livre d'eau); par la quantité moyenne d'acide carbonique (19 pouces cubes), la quantité de chlorure de sodium (7 grains) qu'elles renferment et leur température. C'est de là que découlent leurs propriétés principales. Les eaux purement alcalines, comme celles de Vichy, excitent les métamorphoses régressives des tissus, et conviennent surtout aux individus robustes, sains d'ailleurs, sauf une pléthore abdominale ; les eaux d'Ems, qui, à côté des propriétés dissolvantes des alcalins, ont les propriétés tonifiantes dues au chlorure de sodium et à l'acide carbonique, conviennent aux constitutions délicates, aux individus dont le système nerveux est affaibli et irritable. Les eaux d'Ems sont donc parfaitement indiquées dans tous les cas où des substances, azotées ou non, doivent être éliminées de l'organisme, mais où la constitution est trop débile pour pouvoir supporter cette perte, sans qu'il y ait en même temps augmentation dans la plasticité des tissus.

Les individus qui n'ont nullement besoin de cette augmentation de plasticité devront être envoyés aux eaux purement alcalines ; à celles qui contiennent plus de bicarbonate de soude, et moins de chlorure de sodium que celles d'Ems, ou qui renferment, en outre, de ces substances de proportions dominantes de sels purgatifs, de sulfate de soude notamment : c'est dans ces cas, qu'il faut ordonner les eaux de Carlsbad, de Bilin, de Vichy, etc.

D'après ce que m'a appris mon expérience personnelle, il est des cas où les eaux d'Ems non-seulement ne sont pas indiquées, mais peuvent devenir nuisibles. Ce sont :

1° Les lésions organiques du cœur et les troubles qui en résultent.

2° Une faiblesse générale considérable, jointe à une grande irritabilité des systèmes vasculaire et nerveux.

3° Des hypérémies actives de l'encéphale et des poumons,

une tendance aux congestions, aux hémorrhagies, du côté de ces organes.

4° Une tendance à la dissolution du sang, un excès d'alcalinité du sang, une suppuration des organes nobles.

5° La fièvre hectique, avec sueurs et diarrhées profuses.

6° Les inflammations aiguës.

II. INDICATIONS A L'EMPLOI DES EAUX D'EMS.

1. *Laryngite chronique, catarrhe chronique du larynx.* — Cette affection est la suite d'une laryngite catarrhale aiguë négligée ; ou bien elle se développe peu à peu chez des sujets dont la muqueuse laryngée est exposée à des irritations directes habituelles. Les causes principales en sont les suivantes : respiration de poussière, d'air froid, de vapeurs irritantes, notamment de gaz irrespirables, abus des spiritueux, usage immodéré de la parole (crier, chanter, commander, prêcher), surtout lorsque la personne est atteinte d'une laryngite catarrhale aiguë qu'elle néglige, changement brusque de température, refroidissement, surtout des pieds. Les néoplasmes, les polypes du larynx notamment, provoquent une hypérémie et un catarrhe de la muqueuse laryngée. D'autres fois, l'inflammation se propage au larynx, venant d'une des muqueuses voisines, nasale, pharyngée ou bronchique. Souvent, la laryngite catarrhale persiste après une maladie générale, rougeole, variole, scarlatine, fièvre typhoïde ; très-souvent, elle précède et accompagne la tuberculose.

La laryngite catarrhale présente tous les symptômes ordinaires des catarrhes. On entend sous ce nom de catarrhe une affection d'une muqueuse, hypérémie ou inflammation, accompagnée de rougeur, de gonflement et de sécrétion abondante de mucus, de muco-pus ou de pus.

Dans les catarrhes chroniques, la sécrétion muco-purulente est celle qui s'observe le plus souvent.

Dans les laryngites catarrhales chroniques, la muqueuse du larynx et de ses annexes est, soit en partie, soit en totalité, épaissie, tuméfiée ; le tissu sous-muqueux est infiltré.

La couleur en varie du rouge clair au rouge violacé ; elle est parcourue de vaisseaux variqueux et gorgés de sang. La surface de la muqueuse est inégale ; les follicules muqueux engorgés lui donnent un aspect granuleux ; elle est couverte par places d'exsudats adhérents, muco-purulents. Si la maladie dure longtemps, il se produit peu à peu des pertes de substance, des érosions catarrhales, qui se montrent sous forme d'ulcérations superficielles et irrégulières. Dans certains cas, on voit des ulcérations folliculeuses, cratériformes, consécutives à l'inflammation des glandes muqueuses.

Les polypes muqueux sont assez souvent la suite de catarrhes chroniques ; ils sont placés d'ordinaire sur la face supérieure ou sur les bords des cordes vocales ; ils sont pédiculés, de telle façon qu'en se servant du laryngoscope pour se conduire, on peut facilement les prendre et les enlever.

D'ordinaire, cette maladie n'offre aucun symptôme inquiétant ; suivant le siége et le degré de la lésion, la voix est plus ou moins modifiée, rauque, sourde, sans éclat, arrivant facilement au fausset. Il n'y a généralement aucune douleur ; de temps à autre, on observe une légère sensation de chaleur, et une quinte de toux, amenant l'expectoration de petites masses pelotonnées, à odeur souvent désagréable.

Il y a d'ordinaire en même temps des symptômes d'angine catarrhale.

Généralement, on regarde cette maladie comme très-rebelle; néanmoins, les guérisons sont nombreuses, surtout en associant à un traitement thermal le traitement local guidé par le laryngoscope.

Plus ces malades viendront de bonne heure à Ems, plus vite et plus sûrement ils seront guéris; dans les cas graves, la guérison se produira aussi, pourvu que la cure soit continuée le temps nécessaire. Car, en quatre semaines, il est impossible de guérir une laryngite datant de plusieurs mois ou de plusieurs années.

Les ulcérations laryngiennes guérissent aussi parfaitement, en associant aux eaux minérales le traitement local convenable.

En France, pour le traitement des catarrhes du larynx, on préfère les eaux sulfureuses aux eaux sodiques; mais à tort, à ce que je crois. J'ai soigné ici, je le reconnais, des malades sur lesquels nos eaux n'ont semblé produire aucune action, et qui ont été guéris ensuite à Weilbach ou à l'une des sources sulfureuses des Pyrénées; mais, d'un autre côté, je connais nombre de cas, dans lesquels les eaux sulfureuses, même longtemps continuées, ont échoué, et où la guérison a été obtenue par l'emploi de l'eau du Kesselbrunnen. Je crois que dans les cas de catarrhe simple, les eaux d'Ems sont préférables; mais que, quand les follicules muqueux sont atteints, quand il y a pléthore abdominale, que la muqueuse pharyngienne est malade aussi, les eaux sulfureuses doivent être employées.

Ems produira d'excellents effets et sûrement chez les individus dont la laryngite est, soit un reste de rougeole, de coqueluche, de fièvre typhoïde ou de croup, soit la suite d'un refroidissement ou d'un usage exagéré du larynx.

Dans quelques cas, j'ai obtenu de très-bons effets chez des personnes affaiblies, à peau tendre, transpirant facilement, et ayant une certaine prédisposition aux catarrhes du larynx. Chez ces personnes, j'étais à me demander si, par derrière la laryngite, il n'y avait pas des tubercules, dont je ne pouvais constater la présence. Dans plusieurs cas semblables, les eaux d'Ems ont amené une amélioration et même la guérison, tandis que diverses cures, et même le séjour dans les contrées méridionales, avaient été employés sans succès.

La laryngite tuberculeuse n'est guère modifiée par les eaux d'Ems, pas plus que le mal dont elle dépend.

Quant aux névroses du larynx, à l'aphonie de cause hystérique, c'est un fait bien connu que l'usage interne et externe de nos eaux minérales les guérit. Mais l'explication en est encore à trouver.

2. *Bronchite catarrhale chronique.* — La bronchite catarrhale chronique présente les modifications que nous venons de décrire sur la muqueuse de la trachée et des bronches. Suivant que ce sont les grosses et les moyennes bronches ou leurs dernières ramifications qui sont malades, on distingue la bronchite proprement dite ou la bronchite capillaire. On distingue de plus la bronchite primitive de la bronchite symptomatique. La première reconnaît pour causes : un changement brusque de température, un refroidissement, l'inhalation de substances irritantes, des efforts exagérés des organes pulmonaires dans la parole, le chant, le cri, etc. La bronchite

symptomatique se rencontre dans la tuberculose, la rougeole, la fièvre typhoïde, la scrofule, la maladie de Bright, l'alcoolisme.

Il est de plus certaines personnes qui ont une disposition toute particulière à la bronchite : ce sont les personnes à apparence tuberculeuse, mais sans tubercules. L'âge avancé peut encore être regardé comme une cause de cette maladie.

La muqueuse bronchique est rouge foncé, rouge violacé, quelquefois même elle est ardoisée; elle est parcourue par des vaisseaux variqueux. Le tissu en est gonflé et ramolli, souvent granuleux, présentant quelques érosions catarrhales; il a perdu son élasticité, de là la formation de dilatations bronchiques. L'épithélium a généralement disparu; la muqueuse est recouverte d'un produit de sécrétion jaune, puriforme, ou d'une couche mince d'un mucus filant, transparent. D'après ces caractères, on peut reconnaître diverses espèces de bronchite : bronchite à sécrétion abondante, muqueuse — à sécrétion très-abondante, muco-purulente (bronchorrhée)— à sécrétion abondante, séreuse (dans les maladies du cœur) — et enfin le catarrhe sec de Laënnec.

Dans les formes où la sécrétion muqueuse est abondante, la toux n'est pas fatigante, l'expectoration est facile, les crachats sont aérés, ne tombant pas au fond de l'eau; il n'y a pas de dyspnée, à moins de complications. L'auscultation fait reconnaître des râles à grosses et à petites bulles. Les malades supportent facilement leur affection, mieux cependant en été qu'en hiver, ce n'est que tard qu'elle amène de la bronchectasie.

Dans le catarrhe sec, l'expectoration est rare, elle n'a lieu qu'accompagnée de quintes de toux violente. Pendant ces quintes, les jugulaires se gonflent, le malade croit que sa tête va éclater, il est angoissé. La dyspnée est souvent continue, la tuméfaction de la muqueuse empêchant l'entrée de l'air dans les alvéoles. Si la dyspnée est très-forte, on a une des formes de l'asthme. Les malades peuvent atteindre un âge avancé ; mais, souvent, cette bronchite amène de l'emphysème ou de la pneumonie interstitielle.

Les eaux thermales jouent un rôle important dans le traitement de cette affection, et tout d'abord les eaux d'Ems. Il est impossible de donner l'explication physiologique de leur action ; c'est un fait clinique. Les sécrétions muqueuses sont épaissies et diminuées ; l'expectoration est facilitée, et bientôt les épithéliums se régénèrent. Voici le fait.

Les eaux d'Ems agissent d'autant mieux qu'elles sont administrées plus tôt. Un catarrhe bronchique simple, qui ne date pas de trop longtemps, est radicalement guéri après une cure de quatre à huit semaines, suivie d'un séjour dans les Alpes ou au bord de la mer ; mais il faut plusieurs cures successives pour éteindre la prédisposition.

Les eaux d'Ems sont souvent un excellent palliatif dans les catarrhes compliqués de bronchectasie, d'emphysème, d'asthme ; mais il est bien évident qu'elles ne peuvent remédier aux changements de structure apportés dans les poumons. Elles agissent le plus sûrement dans les bronchites qui persistent après la rougeole, la variole, la coqueluche, la pneumonie, dans celles qui ont pour cause un refroidissement ou une irritation directe de la muqueuse bronchique, à condition, bien entendu, que les malades ne s'exposent pas aussitôt à de nouvelles influences nuisibles

Souvent, on obtient de bons résultats chez les individus faibles, prédisposés aux catarrhes.

Par contre, Ems est sans effet sur la bronchite des alcooliques, si le genre de vie n'est pas complétement modifié, et sur les bronchites qui ont pour cause un obstacle à l'écoulement du sang des veines pulmonaires.

3. *Tuberculose miliaire chronique.* — Ems autrefois était regardé comme un spécifique de la tuberculose ; on a souvent employé ses eaux dans le traitement de cette maladie, mais l'expérience est venue démontrer que ces eaux ne guérissaient nullement ni la phthisie causée par une tuberculose primaire, ni la tuberculose se développant dans le cours d'une phthisie. Contre ces affections, non-seulement les eaux d'Ems, mais encore tous les traitements sont impuissants, et ne peuvent être que des palliatifs. C'était surtout du temps où les doctrines de Laënnec sur les tubercules étaient en vogue, qu'Ems était vanté contre la phthisie.

A cette époque, on confondait sous le nom de tubercules les affections les plus différentes, et l'on regardait toute induration du parenchyme pulmonaire comme un tubercule. De là les brillants succès remportés par les eaux d'Ems, dans le traitement de cette maladie.

Beaucoup de malades, dont le tissu pulmonaire était induré, à la suite de pneumonies chroniques, étaient envoyés à Ems comme tuberculeux, traités comme tels, et guéris. De là vint la renommée d'Ems, et, attirés par cette renommée, arrivèrent de vrais tuberculeux, dont notre cimetière garde les ossements.

« Dans l'état actuel de la science, dit Niemeyer, il n'y a qu'une espèce de tubercule, le tubercule miliaire, qu'une forme de tuberculose, la tuberculose miliaire. Tout ce que, depuis Laënnec, l'on a décrit sous le nom de tubercule infiltré du poumon, est le produit d'une pneumonie chronique, généralement catarrhale. »

Ems ainsi ne guérit pas la tuberculose, et n'est nullement un bon séjour pour les tuberculeux. Il y a des endroits dont le climat, la situation leur conviennent beaucoup mieux. Nous ne voulons pas déprécier nos eaux, mais nous ne voulons pas non plus leur donner une valeur exagérée : « Il ne faut pas attribuer à cette eau une propriété universelle, car ce qui en souffrirait, ce serait la bonne renommée et de l'eau et du médecin, » disait Jungken en 1700.

Nous ne voulons pas avoir de tuberculeux, à Ems, parce que, au printemps et en automne, les variations de température sont trop fortes, les brouillards fréquents ; et qu'en été, l'air chaud de la vallée, la vie bruyante d'une grande station thermale, l'usage en boisson d'une eau chaude, ne peuvent exercer qu'une action irritante nuisible sur les systèmes vasculaire et nerveux d'un tuberculeux.

4. *Pneumonies chroniques (catarrhales).* — Niemeyer, dans ses leçons sur la phthisie publiées par le docteur Ott, s'exprime ainsi au sujet de la nature et des causes de la phthisie pulmonaire :

« Les indurations et les destructions du parenchyme pulmonaire, qui constituent les altérations anatomiques de la phthisie, sont, le plus souvent, les conséquences de processus pneumoniques, et une pneumonie conduit d'autant plus facilement à la phthisie, que l'accumulation d'éléments celluleux dans les alvéoles est plus considérable, qu'elle persiste plus longtemps, car, de cette façon, la métamorphose caséeuse des exsudats inflammatoires se trouve favorisée.

« Les pneumonies, se terminant par infiltration caséeuse, s'observent surtout chez les individus affaiblis, mal nourris ; soit que ces individus soient plus sensibles à l'action des causes morbides, soit que chez eux le processus inflammatoire amène plus facilement une production abondante de cellules, et par suite la dégénérescence caséeuse des produits inflammatoires.

« Ces pneumonies s'observent chez ces individus ainsi prédisposés, à un âge où les maladies pulmonaires sont plus fréquentes que les inflammations des autres organes (méninges, larynx, peau, intestin, etc.). »

Cependant des individus qui ne présentent aucun signe de faiblesse ou de mauvaise nutrition peuvent facilement tomber malades, sous l'influence de causes occasionnelles insignifiantes, et leurs maladies traînent longtemps ; tandis que d'autres individus, en apparence faibles et mal nourris, résistent davantage aux influences délétères, ne tombent pas malades aussi facilement, et leurs maladies ont une issue rapide : il en résulte qu'une sensibilité constatée des organes pulmonaires est un meilleur indice de prédisposition à la phthisie que l'apparence de faiblesse générale. Après avoir constaté ce fait, Ott rapporte en ces termes l'opinion de Niemeyer sur les rapports existant entre la scrofule et la phthisie pulmonaire :

« Des adultes, qui ont été scrofuleux dans leur enfance, et qui ont conservé cette sensibilité, de laquelle résulte la scrofule, sont prédisposés aux pneumonies se terminant par infiltration caséeuse et par phthisie pulmonaire.

« Chez des individus autrefois scrofuleux, des glandes bronchiques restées caséeuses peuvent provoquer le développement de tubercules dans les poumons, et amener une phthisie tuberculeuse.

« Les sujets qui n'ont conservé de leur ancienne scrofule, ni sensibilité exagérée ni ganglions caséeux, ne sont pas plus prédisposés à la phthisie pulmonaire que ceux qui n'ont jamais été scrofuleux. »

Quant aux causes occasionnelles de la phthisie, la prédisposition existant, il faut regarder comme telles toutes celles qui peuvent amener des catarrhes des bronches, et des hypérémies actives du poumon.

A côté des refroidissements, des excès de travail de toute espèce, amenant une exagération des fonctions du cœur et des poumons, les irritations directes du poumon et de la muqueuse bronchique par des corps étrangers jouent un rôle important dans le développement de la phthisie. Et, parmi ces corps étrangers, le plus fréquent est le sang coagulé, et demeuré dans les bronches et les alvéoles pulmonaires à la suite d'une hémoptysie ou d'une pneumorrhagie. Voici, d'ailleurs, comment, à ce sujet, Ott résume les opinions de Niemeyer :

« Plus souvent qu'on ne le croit, on observe des hémorrhagies bronchiques abondantes chez des individus qui ne sont pas phthisiques et qui ne le deviendront pas.

« Dans beaucoup de cas, des hémorrhagies bronchiques abondantes précèdent la phthisie, sans qu'il y ait rapport de cause à effet entre l'hémorrhagie et l'affection pulmonaire. Ces deux processus reconnaissent la même cause : la prédisposition du sujet aux hémorrhagies d'un côté, aux maladies du tissu pulmonaire, de l'autre.

« Les hémorrhagies de la muqueuse bronchique précèdent le développement de la phthisie, et sont avec elle en rapport de cause à effet, en ce sens que l'hémorrhagie amène une inflammation chronique, se terminant par la destruction du tissu pulmonaire.

« Les hémorrhagies bronchiques accompagnent la phthisie plus souvent qu'elles ne la précèdent. Elles se montrent rarement à une époque où l'affection pulmonaire est encore latente.

« Les hémorrhagies bronchiques qui surviennent dans le cours d'une phthisie peuvent hâter la mort, en provoquant l'apparition d'un processus inflammatoire et destructif. »

Cherchons à faire le tableau d'une phthisie pulmonaire, dont tous les symptômes découlent, et découlent exclusivement d'une pneumonie. Je le répète encore une fois, c'est là la seule forme de phthisie, dans laquelle l'emploi des eaux d'Ems soit indiquée.

Cette maladie débute généralement avec des phénomènes aigus. C'est une pneumonie croupale, qui, au lieu de se terminer par résolution, se termine par infiltration caséeuse et par phthisie; c'est une hémoptysie, à la suite de laquelle le sang extravasé dans les bronches et les alvéoles provoque la formation d'une pneumonie; ou bien, c'est une bronchite aiguë qui vient gagner les alvéoles d'une grande partie du poumon.

Quand une pneumonie croupale se termine par infiltration caséeuse et phthisie, ce qui est rare, les forces tombent, il y a de la fièvre, la mort est prompte; ou bien, le malade commence à se relever, l'expectoration est moins abondante ; mais la matité persiste, le thorax s'affaisse, et, après un certain temps, on peut reconnaître une induration et une rétraction d'une partie du poumon, et souvent la présence de cavernes bronchectasiques. C'est ainsi que marchent les pneumonies consécutives à des hémorrhagies bronchiques. Plus la matité est étendue, plus les phénomènes pleurétiques sont prononcés, plus la fièvre est violente, plus aussi il faut craindre une métamorphose caséeuse du sang extravasé et une destruction étendue du tissu pulmonaire. Mais, même dans ces cas, il peut y avoir liquéfaction et résorption ou bien enkystement des masses caséeuses, et induration, et rétraction de la partie du poumon, par prolifération de tissu conjonctif.

Ce sont des cas semblables que Jungken avait en vue, lorsqu'en 1700, il dit que les eaux d'Ems peuvent faire beaucoup de bien à des gens qui avaient déjà craché du sang, de façon à ce qu'ils pussent vivre encore plusieurs années.

Un catarrhe aigu, étendu à une grande partie du poumon, peut amener une pneumonie catarrhale, avec dégénérescence caséeuse des exsudats, et phthisie, se terminant par la mort ; le plus souvent, cependant, ces infiltrations catarrhales, aiguës à leur origine, se dissipent rapidement.

Dans des circonstances extérieures favorables, la pneumonie catarrhale chronique tend à se terminer par induration et rétraction du tissu pulmonaire, avec déformation correspondante du thorax ; mais, sous l'influence de causes nuisibles, l'affection tend à récidiver. C'est de là qu'il résulte que tant de malades, tout en portant au sommet de leurs poumons des indurations étendues et des cavernes bronchectasiques, paraissent se bien porter en été, reprennent des forces, même de l'embonpoint, tandis qu'en hiver, dès qu'ils se refroidissent, ils ont de la fièvre, ils deviennent faibles, maigres, pâles, et que la lésion pulmonaire augmente.

Ces alternatives peuvent se répéter pendant plusieurs années de suite.

Quant au traitement de la phthisie pulmonaire, causée par une pneumonie chronique, il doit être dirigé d'après les mêmes principes que celui du catarrhe bronchique; nous ne parlons pas ici du traitement prophylactique ni du régime.

« A notre avis, dit Niemeyer, chez un grand nombre de malades, les eaux sodiques chlorurées exercent une influence vraiment salutaire, non pas seulement sur le catarrhe primordial, mais encore sur la phthisie pulmonaire elle-même, action niée, il est vrai, par les médecins sceptiques et encore imbus des anciennes théories.

« L'emploi des eaux d'Ems, est contre-indiqué, s'il y a de la fièvre; c'est là un fait encore mal expliqué. Ce ne sont pas les eaux minérales en elles-mêmes qui ne conviennent pas aux fébricitants, mais les voyages aux stations thermales, la vie qu'on y mène, etc. »

Nous partageons complétement cette opinion, et nous recommandons d'autant plus dans ces cas l'usage des eaux d'Ems, que, tout en activant les phénomènes régressifs, elles augmentent les phénomènes plastiques, et rendent à l'estomac et à l'intestin leurs fonctions normales.

5. *Épanchements pleuraux.* — Dans la pleurésie, il y a à distinguer les exsudats parenchymateux, plastiques, des exsudats parenchymateux et interstitiels qui forment les épanchements pleuraux.

Nous reconnaissons, de plus, des pleurésies primaires et des pleurésies secondaires, comme celles de la septicémie, de la fièvre puerpérale, de la scarlatine, de la fièvre typhoïde, du rhumatisme.

Les causes de la pleurésie sont nombreuses ; traumatisme, corps étrangers dans la plèvre, inflammations des organes voisins (des poumons), refroidissement.

Au sujet de cette dernière cause, Niemeyer croit qu'elle est rare, il pense que cette pleurésie rhumatismale, primaire, idiopathique, est presque toujours sous la dépendance d'influences encore inconnues, atmosphériques et telluriques.

Au point de vue anatomo-pathologique, on distingue :

1° La pleurésie sèche ;

2° La pleurésie avec épanchement peu abondant, très-riche en fibrine ;

3° La pleurésie avec épanchement abondant séro-albumineux ;

4° La pleurésie avec épanchement purulent, ou empyème.

La pleurésie est aiguë ou chronique. Toutes les formes de pleurésie peuvent se terminer par la guérison complète ou incomplète. L'empyème peut s'ouvrir au dehors, dans le poumon, ou à travers le diaphragme.

Quant au pronostic, la pleurésie sèche est insignifiante. Les pleurésies avec épanchements peu abondants, ou avec épanchements abondants, séro-fibrineux, sont moins graves quand elles sont aiguës que quand elles sont chroniques.

Relativement au traitement, une cure à Ems est indiquée et donne de bons résultats, dans les cas où, dans le cours d'une pleurésie aiguë, idiopathique, rhumatismale, il se produit un épanchement séro-fibrineux, dont la résorption, très-active au début, ne fait plus aucun progrès.

Le succès de nos eaux s'explique par leur action diurétique et diaphorétique, si l'on ne veut pas admettre qu'elles agissent directement sur la fibrine. La guérison par ce traitement est assurée, et les eaux d'Ems sont d'autant plus indiquées, que la désalbuminémie et l'anémie, résultant de l'épanchement, exigent l'emploi de moyens thérapeutiques qui activent, à la fois, et la nutrition et la formation de cellules.

Quant à l'empyème, je ferai remarquer que nos eaux paraissent favoriser son issue au dehors, de même que celle des autres épanchements purulents enkystés. Du moins, ai-je été à même d'en observer plusieurs cas.

6. *Catarrhe chronique des muqueuses du vagin et du col de l'utérus.* — Ems est renommée tout particulièrement dans le traitement des maladies des organes génitaux de la femme. On attribue à ces eaux la propriété de guérir la stérilité, et avec raison, car elles guérissent plusieurs affections dont la stérilité n'est qu'une conséquence.

Le vagin et le col de l'utérus sécrètent chacun un mucus particulier; celui du premier est acide, le second légèrement alcalin. Mais ces sécrétions se modifient, dès que les glandes qui les produisent sont enflammées.

Le vagin peut être le siége d'inflammations spécifiques ou non; et la vaginite est toujours une maladie très-longue, quelle qu'en soit l'origine. Le plus souvent elle est spécifique, mais elle peut aussi apparaître spontanément; parfois, elle est secondaire, et consécutive à l'action irritante d'un flux utérin (Sims).

Le catarrhe du vagin peut reconnaître pour causes : une

atonie des organes sexuels (anémie, chlorose), une irritation mécanique, un refroidissement, des couches anormales, et enfin la contagion.

A l'état normal, le vagin, d'après Beigel, ne sécrète qu'une faible quantité d'un mucus blanc, peu filant, acide, et paraissant formé presque exclusivement des grandes cellules, plates, transparentes, qui forment l'épithélium pavimenteux de la muqueuse vaginale. Sous l'influence de causes pathologiques, cette sécrétion est modifiée, soit seulement dans sa quantité, qui est très-augmentée (chlorose, irritation mécanique ou rhumatismale), soit dans sa quantité et sa qualité. Elle devient jaune, purulente, à réaction acide. Au microscope, on y reconnaît des corpuscules purulents, mêlés à quelques cellules épithéliales plates, et à d'autres plus jeunes, sphériques. Cette sécrétion ainsi altérée peut être un reste d'une inflammation chronique catarrhale, ou résulter d'une contagion blennorrhagique. On l'observe surtout quand la muqueuse vaginale est granulée, c'est-à-dire dans les cas où, à la suite d'une irritation chronique de longue durée, le corps papillaire de la muqueuse s'est hypertrophié.

Dans ces cas, les vaginites spécifiques exceptées, j'ai obtenu d'excellents résultats, surtout en associant aux eaux minérales un traitement local (suppositoires au tannin, à l'alun, etc.). J'ordonnais l'eau en boisson, et tous les deux jours un bain, en faisant usage d'injections ou du spéculum. Les autres jours, je faisais placer les suppositoires.

Quant à l'action que cette maladie exerce sur la stérilité, j'ai trouvé parfaitement confirmée l'opinion de Sims, à savoir, qu'il n'y a pas conception quand la sécrétion vaginale, au lieu d'être faiblement acide, est fortement acide, colorant.

rapidement et en rouge foncé le papier de tournesol. (Il y a probablement alors empoisonnement des spermatozoïdes.)

Dans plusieurs cas pareils, le traitement que je viens d'indiquer m'a donné des résultats excellents.

Les leucorrhées, provenant du col de l'utérus, peuvent résulter d'une hypersécrétion, soit du museau de tanche, soit de la cavité du col. Presque toujours, le liquide en est albumineux et présente une réaction faiblement alcaline. Au microscope, il se montre comme formé de muco-pus. Parfois, ce n'est qu'une sécrétion exagérée, sans propriétés anormales. Elle amène la stérilité par voie soit mécanique, soit chimique. Dans le premier cas, elle oblitère le col utérin, de telle façon que les spermatozoïdes n'y peuvent pénétrer; dans le second, elle les empoisonne ou les tue (Sims).

Dans quelques cas, j'ai obtenu de bons résultats, en donnant les eaux d'Ems en boisson, en bains et en injections tièdes, lancées avec peu de force.

C'étaient des cas où il n'y avait qu'une inflammation catarrhale du col utérin, la sécrétion en étant normale, ou modifiée seulement dans sa quantité.

La guérison est bien plus difficile à obtenir, si l'orifice externe du col paraît boursouflé; où la muqueuse tuméfiée forme une couronne plus ou moins rouge, et couverte d'un bouchon muqueux, transparent, d'aspect polypeux. Dans ces cas, qui s'accompagnent toujours de granulations du col, notre traitement minéral n'a pas la moindre influence. Mais ce sont des affections dans la cure desquelles il faut s'armer de patience, et ne pas perdre trop tôt tout espoir. En 1867, j'avais à soigner en même temps cinq dames, atteintes de ce mal. Trois d'entre elles étaient mariées depuis longtemps, et n'avaient point eu d'enfants ; deux avaient chacune un enfant, leur stérilité était acquise, toutes présentaient les symptômes que je viens d'énumérer, plus ou moins accusés. Notre traitement minéral parut inefficace ; chaque fois que je les examinais, je trouvais ce bouchon muqueux, qui s'était formé à nouveau. Je les cautérisai inutilement au nitrate d'argent. Finalement, après l'emploi continué pendant plusieurs semaines de l'éponge préparée et de l'acide chromique, je pus en regarder trois comme guéries : c'étaient les deux dames qui avaient déjà eu un enfant, et une des trois autres. Toutes trois conçurent vers la même époque et accouchèrent. Chez les deux autres, ce traitement n'eut aucun succès, et, regardant leur affection comme scrofuleuse, je les envoyai à Kreuznach. L'une d'elles n'en retira aucun profit ; je n'ai plus entendu parler de la cinquième.

7. *Catarrhe utérin chronique.* — Le catarrhe de la muqueuse utérine est une maladie très-commune, se montrant surtout dans la période de maturité sexuelle. Les causes en sont :

1° Des stases dans les vaisseaux utérins (maladies du cœur, du poumon, tumeurs abdominales ; affections du foie ; constipation habituelle) ;

2° Une irritation directe de l'utérus (excès vénériens, masturbation, accouchement, pessaires, néoplasmes, inflammations, refroidissements à l'époque des règles) ;

3° Des maladies constitutionnelles (chlorose, scrofule, tubercules) ;

4° Des influences épidémiques.

La muqueuse est tuméfiée, gonflée, bleu ardoisé. La sécrétion utérine est augmentée, elle est alcaline, renferme des cellules épithéliales normales (irritation directe), ou bien, de l'utérus s'écoule un liquide blanc de lait, filant, alcalin, renfermant beaucoup de cellules (catarrhe chronique); ou bien, enfin, il y a un liquide très-abondant, purulent, alcalin, contenant de nombreux corpuscules de pus (surtout dans les cas d'ulcérations). Le col offre des ulcérations catarrhales et folliculeuses, ou des ulcérations granuleuses.

La quantité du liquide est très-variable, d'un jour à l'autre; elle est généralement augmentée avant et après les règles. La sécrétion en est continue, ou intermittente et accompagnée de douleurs expultrices.

Les eaux d'Ems sont indiquées quand le catarrhe utérin reconnaît pour cause une irritation directe, une influence épidémique, ou un trouble encore assez récent de la circulation abdominale. Elles conviennent encore chez les malades qui ne peuvent supporter un traitement plus actif, ou qui, avec une constitution vigoureuse et pléthorique, ont un système nerveux facilement irritable.

Dans beaucoup de cas, où l'on n'avait encore fait aucun traitement local, on est obligé d'associer au traitement minéral, la dilatation de l'orifice interne au moyen de la laminaria, de l'éponge préparée, etc.

Dans d'autres cas, on fait bien de faire suivre la cure d'Ems d'une autre, à Schwalbach ou aux bains de mer. Chez les personnes chlorotiques ou scrofuleuses, on aura recours, dès le début, à un traitement approprié.

Je connais plusieurs dames qui ont été ainsi guéries de leur stérilité. Mais, dans ces cas, il faut une cure plus prolongée, et associer le traitement local à l'usage des eaux d'Ems, en boissons, en bains et en injections

8. *Métrite chronique parenchymateuse.* — Cette maladie
est caractérisée anatomo-pathologiquemènt par une augmentation de volume en tous sens de l'utérus. L'hypérémie primitive du parenchyme utérin ne tarde pas à disparaître, car
les vaisseaux sont comprimés par le tissu conjonctif de nouvelle formation. Le tissu de l'utérus paraît alors pâle, dur,
serré, sec, parcouru çà et là de vaisseaux variqueux.

Contre une pareille lésion, la thérapeutique est le plus
souvent impuissante ; du moins, on n'obtient que rarement
une guérison complète, une amélioration s'observe fréquemment.

Les causes de la métrite chronique parenchymateuse sont
les mêmes que celles que nous avons énumérées pour l'endo-
métrite chronique.

Les symptômes les plus fréquents en sont une sensation
de pesanteur dans le bassin, une compression de la vessie et
du rectum. Les règles, au début, sont abondantes et prolon-
gées, bientôt, elles diminuent de quantité, elles s'accompagnent de douleurs violentes ; souvent elles disparaissent et
sont remplacées par un flux catarrhal purulent.

La marche de cette maladie est très-chronique, et, une fois
l'utérus anémié, la guérison est exceptionnelle ; mais on peut
obtenir une amélioration. Nous donnons dans ces cas, et
avec de bons résultats, les eaux d'Ems en bains et en boisson, mais le mode d'administration qui agit le mieux, ce sont
les douches utérines chaudes, dont on gradue suivant les indications la force et la température.

Les eaux d'Ems sont indiquées dans tous les cas où la métrite chronique a succédé à une métrite aiguë, où elle résulte
d'irritations locales, de refroidissements pendant les règles,

où elle persiste après l'accouchement, où elle est consécutive à des stases sanguines dans les organes pelviens. Dans les cas où l'on a à redouter de voir de nouvelles inflammations se produire, il faut, bien entendu, s'abstenir de donner des douches ; on ne donnera l'eau qu'en bains et en boisson ; au plus conseillera-t-on l'emploi du spéculum ou d'injections faibles. La métrite, symptôme d'une dyscrasie, de la scrofule, par exemple, n'est nullement modifiée par les eaux d'Ems ; elle doit être traitée à Kreuznach, etc.

Nous avons vu que les eaux d'Ems peuvent dans beaucoup de cas améliorer les gonflements de tout l'utérus ; à plus forte raison, pourrons-nous en attendre des succès dans le traitement de l'hypertrophie d'une des lèvres du museau de tanche, de tout le col utérin, ou d'une partie seulement de l'utérus.

Cette affection reconnaît généralement pour cause une irritation directe. Les refroidissements pendant l'époque des règles, des couches pénibles, en sont les origines principales.

Généralement, le traitement que nous venons d'indiquer agit promptement et efficacement. Plus le cas est récent, plus le succès est prompt et assuré. En même temps que ces tuméfactions se guérissent, disparaissent les symptômes auxquels elles donnaient lieu et parmi ceux-ci la stérilité acquise.

9. *Troubles de la menstruation.* — Le premier trouble de la menstruation que nous ayons à considérer est l'aménorrhée ou retard des règles. Ce cas s'observe sur des jeunes filles chez lesquelles, à l'époque de la puberté, le flux menstruel ne paraît pas, est trop peu abondant ou ne présente pas son type normal. Souvent, on remarque ce que l'on a désigné sous le nom d'hémorrhagies supplémentaires des règles, c'est-

à-dire des hémorrhagies se faisant par d'autres voies que les
organes sexuels, à l'époque des règles, et pouvant acqué-
rir une abondance qui les rende inquiétantes.

Dans ces cas, les eaux d'Ems, en bains et en boisson, ont
une action curative indéniable. La menstruation s'établit ré-
gulièrement, et tous les symptômes morbides disparaissent
rapidement.

Un autre trouble de menstruation est la dysménorrhée : les
règles sont précédées et accompagnées de douleurs violentes.

Si les symptômes dysménorrhéiques résultent de flexions
ou d'aures lésions organiques de l'utérus, les eaux d'Ems
sont impuissantes ; au plus, peuvent-elles avoir une action
palliative. Par contre, elles sont réellement curatives dans
les deux formes nerveuse et congestive de la dysménorrhée.
La première s'observe surtout chez des femmes sensibles, à
système nerveux très-excitable ; elle s'accompagne de troubles psychiques, de douleurs au sacrum, dans le bas-ventre,
dans les cuisses, de douleurs et de crampes le long d'autres
nerfs. Ces symptômes sont souvent si intenses, que les
femmes sont obligées de garder le lit. Ces manifestations
reconnaissent probablement pour causes des contractions
spasmodiques de l'utérus, et l'occlusion de l'orifice interne
qui en résulte.

La forme congestive de la dysménorrhée est caractérisée
par l'excitation du système vasculaire ; elle se manifeste par
la congestion de l'utérus, et le détachement de lambeaux de
la muqueuse.

Ces deux formes s'accompagnent fréquemment de stérilité,
et les eaux d'Ems sont souvent très-efficaces dans leur traitement. Il y a quarante ans, Fenner, médecin à Schwalbach,

précisait ainsi les cas dans lesquels il faut recourir aux eaux d'Ems, et, encore aujourd'hui, les indications sont identiquement les mêmes. Il faut envoyer à Ems, dit-il,

« Si les retards et l'irrégularité de la menstruation résultent d'une trop grande activité des vaisseaux de l'abdomen et des nerfs ; si les sujets sont jeunes, pléthoriques, à tempérament irritable, à sensibilité exagérée.

« Si ces causes amènent des crampes, des règles irrégulières, tantôt trop abondantes, tantôt trop pauvres.

« Si ces troubles de la menstruation sont en relation avec des affections pulmonaires.

« Si, chez des personnes très-irritables et très-sensibles, les règles sont demeurées irrégulières après un accouchement ou un avortement, et empêchent la conception. »

Ces formes diverses doivent être différemment traitées, cela est évident ; la forme de la maladie doit aussi déterminer la température des bains. C'est à la fois de la constitution de la malade et de la forme de chaque cas en particulier, que l'on emploie les eaux seulement en bains, ou à la fois en bains et en boissons.

Dans le traitement de la dysménorrhée nerveuse, j'insiste tout particulièrement sur l'administration régulière de lavements d'eau minérale chaude, que la malade doit garder. Je ne puis assez recommander cette pratique, qui m'a donné d'excellents résultats.

Dans la dysménorrhée congestive, on doit être réservé sur l'usage des eaux en boisson ; on ne peut ordonner une source chaude, il faut s'abstenir de bains chauds ; et on fera bien de faire boire aux malades l'eau d'Ems dans du lait et du petit-lait, ou de leur faire faire une cure de petit-lait.

De tout temps, il y a eu des bains auxquels on a attribué des vertus fécondatrices particulières, qu'on a célébrés comme guérissant la stérilité. Les Romains avaient les sources de Sinuessa ; aujourd'hui, nous possédons celles d'Ems.

Et, en effet, nous ne voulons pas parler ici de la Bubenquelle, nous venons de voir que les eaux d'Ems peuvent guérir certaines affections des organes sexuels, et par conséquent la stérilité qui ne reconnaît d'autre cause.

Je veux encore relever deux causes de stérilité qui peuvent être guéries par l'emploi des eaux d'Ems : ce sont, d'un côté, l'exagération trop prononcée, de l'autre, la diminution trop considérable de l'excitabilité du système nerveux en général, et de celui des organes génitaux en particulier.

Dans le premier cas, les bains agissent comme calmant les organes nerveux périphériques d'abord, puis les organes centraux. Administrées à l'intérieur, ces eaux agissent comme des altérants ; elles diminuent la trop grande sensibilité nerveuse, celle des organes génitaux en particulier ; elles rendent à ceux-ci leurs fonctions normales et favorisent ainsi la conception.

Quant à la stérilité résultant d'une diminution de l'excitabilité du système nerveux génital, c'est la seule forme contre laquelle on puisse, avec raison, ordonner l'usage de la Bubenquelle, suivant le mode d'administration que nous avons décrit plus haut. Il faut restreindre l'emploi de cette douche ascendante thermale, aux cas où l'on a constaté un tempérament froid, flegmatique, un état paresseux et atonique de l'utérus et des organes sexuels, où l'activité génitale est à réveiller et à exciter.

Une irritabilité prononcée, des règles diffuses, la leucorrhée, les changements de position de l'utérus, les polypes et les diverses tumeurs utérines contre-indiquent au contraire ce mode d'administration des sources thermales. Une femme ne doit jamais y avoir recours, sans avoir auparavant pris conseil de son médecin, car souvent son emploi intempestif amène des conséquences fâcheuses, et le contraire de ce que l'on espérait obtenir.

Les sources d'Ems ne sont donc nullement un spécifique contre la stérilité, et la Bubenquelle est de toutes la moins active. Par contre, en employant nos eaux d'une façon convenable, on guérit plusieurs des causes de la stérilité ; de là, la renommée de nos sources, renommée bien méritée et que l'avenir ne démentira pas.

10. *Stomatite catarrhale.* — La stomatite catarrhale peut résulter d'une irritation directe de la muqueuse buccale (dents gâtées, usage du tabac, mets et boissons chaudes ou irritantes). D'autres fois, c'est une inflammation qui s'étend à cette muqueuse par continuité : inflammation de la face, érysipèle de la face, angine. Rarement, le catarrhe nasal ou bronchique s'étend à la muqueuse buccale, le catarrhe stomacal au contraire presque toujours. Ou bien, la stomatite catarrhale peut être le symptôme d'une maladie générale.

La muqueuse buccale présente toutes les lésions que nous avons décrites comme caractérisant le catarrhe.

Les symptômes en sont un mauvais goût, une mauvaise odeur dans la bouche, une salivation abondante. Dans le traitement, la première indication à remplir est d'éviter toute cause irritante ; puis les alcalins procurent d'excellents résultats. Nous nous trouvons très-bien de donner les eaux d'Ems en boisson et en gargarismes. Dans la plupart des cas, il faut encore recourir à un traitement local. Quant aux stomatites, symptômes d'une maladie générale, elles ne sont généralement pas modifiées par notre traitement.

11. *Angine catarrhale chronique.* — Les causes de cette maladie sont : des irritations directes, des refroidissements, des inflammations propagées par voisinage, des maladies générales, scarlatine, rougeole, fièvre typhoïde, syphilis. Souvent elle est épidémique.

La muqueuse est gonflée, inégale, tantôt rouge ou même rouge violacé, tantôt pâle et remplie de vaisseaux variqueux et engorgés. L'aspect granulé qu'elle présente résulte, non de la présence de véritables granulations, mais du gonflement des follicules muqueux.

Cette affection est assez gênante, et, lorsqu'elle persiste longtemps, elle déprime considérablement les malades.

Les symptômes les plus ordinaires en sont une sensation de brûlure, de chatouillement, de sécheresse dans la gorge, de la toux gutturale, de l'expectoration. A côté du traitement local, les eaux sodiques-chlorurées d'Ems donnent de très-grands succès. Il faut éviter les causes irritantes, et prendre les eaux en boisson et en gargarismes.

Dans certains cas, où il y a pléthore abdominale, les eaux d'Ems sont moins bien indiquées que les eaux sulfureuses.

12. *Gastrite chronique.* — La gastrite chronique succède à une gastrite aiguë, ou bien elle a un début lent et insidieux. Elle consiste essentiellement dans une production exagérée de mucus. Les malades qui en sont atteints digèrent mal ; ils éprouvent une sensation de pesanteur à la région stomacale, augmentant après les repas ; ils ont l'épigastre soulevé ; de temps à autre, ils ont des éructations

gazeuses; souvent, avec les gaz, une partie du contenu de l'estomac remonte le long de l'œsophage, arrive jusque dans la bouche; par les acides lactique et butyrique qu'il renferme, il irrite l'œsophage, et provoque cette sensation de brûlure connue sous le nom de pyrosis. Les vomissements sont fréquents ou bien ils se montrent après chaque repas, ou bien ils ne succèdent qu'à des écarts de régime. La soif et l'appétit sont généralement diminués; parfois, cependant, la sensation de la faim est très-prononcée et persistante. D'ordinaire, le catarrhe s'étend à l'intestin; il y a des diarrhées, alternant avec de la constipation. Les matières contenues dans l'intestin se décomposent, des gaz se dégagent, il y a de la flatulence, et de temps à autre des coliques. La tête est prise, l'intelligence abattue, la nutrition mauvaise.

Généralement, cette affection s'accompagne d'une stomatite catarrhale, la langue est sale, la bouche pâteuse, elle a une odeur désagréable.

Cette maladie peut reconnaître pour cause une prédisposition spéciale, qu'on observe dans certaines familles; elle peut provenir de l'abus d'aliments irritants, indigestes, des alcooliques, du tabac. La tuberculose, la maladie de Bright, les affections du foie s'accompagnent souvent de gastrite chronique. Celle-ci peut encore compliquer toutes les affections qui amènent une stase dans les vaisseaux stomacaux, les maladies du cœur, des poumons, qui gênent l'issue du sang hors de la veine cave. Le cancer de l'estomac s'accompagne de catarrhe stomacal.

Quand cette maladie ne provient pas d'une dyscrasie ou d'un obstacle à la circulation, et quand elle n'est pas trop invétérée, le pronostic n'est pas défavorable ; mais on observe fréquemment des récidives, dès que le malade s'expose à de nouvelles influences nuisibles.

Les eaux d'Ems conviennent parfaitement à certains malades, qui sont atteints de gastrite chronique. Ce sont ceux dont la constitution est affaiblie, irritable ; qui présentent des symptômes nerveux prédominants, à côté d'une exagération dans la production d'acides et de mucus, et dont la maladie est la suite d'un refroidissement. On obtient la guérison, en activant les fonctions cutanées, en neutralisant les acides et en calmant et réglant l'action nerveuse, au moyen de l'acide carbonique renfermé dans l'eau thermale.

Les individus pléthoriques, dont la circulation abdominale se fait mal, seront plutôt envoyés à Carlsbad ou à Kissingen ; si l'atonie de l'estomac est le symptôme prédominant, il faut ordonner des eaux plus riches encore en chlorure de sodium ou des eaux acidules ferrugineuses froides.

Même pour les malades auxquels convient parfaitement la cure d'Ems, on conseillera avantageusement l'emploi d'une eau carbonatée ferrugineuse prise avec ou après les eaux d'Ems.

Pendant et après le traitement, le malade devra suivre exactement un régime approprié à son affection, s'il veut compter sur une guérison et surtout sur une guérison durable.

13. *Dyspepsie chronique.* — Cette maladie est caractérisée par des digestions lentes et pénibles, et par l'absence de toute altération anatomique de l'estomac. Les symptômes en sont les mêmes que ceux du catarrhe stomacal.

D'après Niemeyer, « les différentes formes de dyspepsie peuvent toutes être rangées sous deux catégories : la digestion est troublée, soit par le fait d'une altération du suc gastrique, soit par le fait d'un affaiblissement des mouvements de l'estomac, ayant pour conséquence un mélange incomplet des ingesta avec le suc gastrique.

« L'altération du suc gastrique consiste en modifications de qualité ou en modifications de quantité.

« Les modifications de qualité peuvent consister dans un changement de proportion des éléments normaux ; ainsi, nous savons qu'un trop faible contenu d'acide en liberté affaiblit les propriétés dissolvantes du suc gastrique ; ces modifications peuvent encore dépendre de ce que les éléments étrangers viennent s'ajouter aux éléments normaux de ce liquide, comme cela est prouvé pour l'urée dans les phénomènes urémiques, ou bien de ce que dans certaines conditions la composition du suc gastrique devient tout autre, quelques-uns de ses éléments s'en séparant pour être remplacés par des éléments étrangers. Les symptômes produits par les modifications qualitatives du suc gastrique nous sont absolument inconnus, encore bien moins connaissons-nous les moyens à employer pour combattre ces modifications.

« Quant aux modifications de quantité du suc gastrique, on a donné le nom de « faiblesse atonique de la digestion » aux phénomènes morbides qui sont dus à une production insuffisante de ce suc ou à sa trop faible concentration. » Ces modifications s'observent chez les jeunes filles chlorotiques, chez les individus affaiblis par les excès, les fatigues, les chagrins, la misère, et, à ces malades, il faut ordonner une cure à Ems, suivie d'une cure à Schwalbach ou aux bains de mer.

Les eaux d'Ems conviennent ainsi aux cas où la production insuffisante de suc gastrique résulte de l'abus des épices, et à ceux où, à la suite d'une nutrition incomplète de la musculeuse, les mouvements de l'estomac sont gênés, et les ingesta incomplétement mélangés avec le suc gastrique.

Les eaux d'Ems excitent les glandes de l'estomac, en activent la sécrétion ; par leur acide carbonique elles excitent l'activité des fibres musculaires et régularisent l'action des nerfs de l'estomac.

La production exagérée de suc gastrique est généralement accompagnée d'une exagération de son acidité, et, dans ces cas, les eaux d'Ems, par leur alcalinité, neutralisent les acides et exercent sur l'organisme une action des plus salutaires.

J'ai eu plusieurs fois occasion d'observer le *vertigo a stomacho læso* de Trousseau (1), et, dans ces cas, le succès de nos sources thermales m'a paru toujours assuré.

14. *Ulcère chronique de l'estomac.* — C'est toujours se hasarder que de prétendre qu'une eau minérale puisse guérir l'ulcère chronique de l'estomac, et cependant il en est beaucoup auxquelles on attribue cette vertu. Il faut, dans ces cas, éviter tous les remèdes trop irritants, aussi les eaux alcalines faibles sont celles qui conviennent le mieux.

J'ai traité ici, et avec succès, plusieurs malades, atteints d'ulcère de l'estomac ; mais je ne crois pas les avoir guéris, bien que je ne leur aie fait prendre l'eau que froide, et dégagée de son acide carbonique. Les eaux d'Ems ne me semblent agir ici que comme palliatives, elles empêchent la produc-

(1) Trousseau, *Clinique médicale de l'Hôtel-Dieu,* 3e édition. Paris, 1868, t. III, p. 1 et suiv.

tion exagérée d'acides ; elles sont donc surtout indiquées dans les cas d'ulcère de l'estomac guéris, pour mettre le malade à l'abri des récidives.

15. *Entérite catarrhale chronique.* — L'entérite catarrhale chronique, le catarrhe chronique de l'intestin peut exister seul ou compliquer une gastrite chronique.

Le catarrhe est consécutif à une hypérémie de la muqueuse intestinale, que celle-ci provienne d'une irritation mécanique ou de toute autre origine.

Les refroidissements, les entérites catarrhales aiguës négligées, les excès de boisson et d'aliments, les troubles de circulation de la veine porte, la tuberculose, la chloro-anémie, en sont les principales causes.

Les cas dans le traitement desquels les eaux d'Ems sont le plus indiquées sont ceux où l'affection est consécutive à un catarrhe aigu, et ceux où elle résulte d'un trouble dans la circulation hépatique, qui peut être guéri par les eaux d'Ems.

Le succès des eaux d'Ems provient de leur action particulière sur les muqueuses, qui leur fait régulariser les fonctions intestinales.

Dans les cas où il y a de la diarrhée, ces eaux la diminuent ; dans ceux, plus fréquents, où il y a des alternatives de diarrhée et de constipation, elles amènent très rapidement une amélioration. Les eaux d'Ems sont donc indiquées dans tous les cas où elles sont à même de guérir les causes du catarrhe intestinal.

16. *Catarrhe chronique des voies biliaires.* — Souvent, chez les gens qui souffrent depuis longtemps du catarrhe gastro-duodénal, la maladie s'étend aux voies biliaires ; le

conduit cholédoque est atteint le premier, la muqueuse se boursoufle, la lumière du canal est bouchée, et la bile ne peut plus s'écouler dans l'intestin. De même que le catarrhe gastro-duodénal, le catarrhe des voies biliaires peut devenir chronique ; il se produit un ictère intense ; le malade maigrit ; le foie se tuméfie ; les fèces sont décolorées ; l'urine est foncée, et renferme la matière colorante de la bile.

Si la maladie n'est pas trop ancienne, s'il n'y a aucune autre lésion du foie, on obtient par la cure d'Ems de très-bons résultats, surtout chez les sujets affaiblis. On enverra plutôt à Carlsbad les individus robustes et pléthoriques.

17. *Calculs biliaires et colique néphrétique.* — Ces maladies sont traitées à Ems avec succès. L'expérience a démontré que nos eaux, ainsi que toutes les autres eaux alcalines, agissent efficacement contre cette affection sans qu'on puisse trop dire pourquoi. Les calculs ne sont pas dissous, mais le traitement thermal en fait évacuer des quantités énormes. Il est probable que l'eau chlorurée, sodique, carbonatée, chaude, détermine une sécrétion plus abondante d'une bile moins concentrée ; elle s'écoule avec plus de force, et les calculs biliaires sont évacués plus facilement.

18. *Hypérémie du foie.* — Les hypérémies du foie sont actives, fluxionnaires ou résultent de stases. Parmi les premières, les seules qui puissent être traitées à Ems sont celles qu'on observe chez les femmes, à l'époque de leurs règles.

Les hypérémies par stase vasculaire se rencontrent toutes les fois que l'écoulement du sang dans la veine cave inférieure dans le ventricule se trouve gêné. A côté des maladies du cœur, que nous ne pouvons guérir par notre traitement, nous trouvons, comme amenant cette gêne d'écoulement, les maladies chroniques du poumon, dans lesquelles les capillaires pulmonaires sont détruits ou comprimés, le cœur droit et les veines caves gorgés de sang ; tels sont l'emphysème, la pneumonie chronique, les épanchements pleuraux. Ems convient dans ces cas, de même que dans les cas d'hypérémies, se manifestant chez des sujets pléthoriques, bons vivants, sédentaires, que ces hypérémies soient primitives ou consécutives à des catarrhes de l'estomac ou de l'intestin. Dans ces derniers cas, on se trouve très-bien d'ordonner aux malades en boisson le Kesselbrunnen, avec les sels de Carlsbad ou une autre eau amère.

Le catarrhe des voies biliaires et l'ictère dépendant de cette affection sont de même guéris par l'usage de ces eaux.

19. *Stéatose du foie.* — Les personnes atteintes de stéatose du foie ou foie gras se trouvent bien généralement de l'emploi des eaux d'Ems, à condition toutefois de vivre très-sobrement et de se donner beaucoup de mouvement.

Elles feraient cependant mieux d'aller prendre les eaux de Carlsbad.

C'est, je crois, ici le lieu d'établir en quelques mots un parallèle entre les eaux d'Ems et les eaux de Carlsbad.

Ems diffère surtout de Carlsbad par l'absence de sels purgatifs. Les eaux sulfatées sodiques de Carlsbad font maigrir, en provoquant la résorption de la graisse ; les eaux d'Ems n'ont pas cette action, car, comme nous l'avons vu, elles activent la nutrition. Les eaux d'Ems, comme celles de Carlsbad, excitent les fonctions de la peau et des reins ; celles d'Ems agissent plus sur la peau que celles de Carlsbad.

Par contre, les eaux d'Ems n'agissent pas sur les évacuations intestinales, du moins elles ne les provoquent pas, si l'on n'emploie pas des lavements d'eau minérale.

Ainsi, Carlsbad, par ses sels purgatifs, agit dans des cas où les eaux d'Ems sont inutiles. D'un autre côté, les eaux d'Ems, n'étant pas purgatives, sont mieux tolérées que celles de Carlsbad, et conviennent pour certains malades, qui ne peuvent digérer les dernières.

L'absence de principes purgatifs dans les eaux d'Ems est la cause pour laquelle elles conviennent parfaitement dans certaines affections pulmonaires, où les eaux de Carlsbad ne peuvent être supportées.

Chez les individus affaiblis, à sensibilité morbide exagérée, comme chez ceux atteints d'une affection invétérée, on préférera les eaux d'Ems à celles de Carlsbad, même si l'on n'a aucun espoir d'obtenir une guérison définitive.

20. *Pyélite, catharre chronique du bassinet de l'uretère.* — Cette maladie est provoquée par des irritations directes, portant sur la muqueuse du bassinet ; concrétions pierreuses, urine décomposée, virus blennorrhagique, infectant successivement la muqueuse de la vessie et celle des uretères, en partant de la muqueuse urétrale ; les eaux d'Ems conviennent surtout dans les cas où la pyélite reconnaît pour cause des concrétions d'acide urique ou une inflammation remontant depuis la vessie.

Si la maladie est dyscrasique, ou syphilitique, nos eaux sont sans action si les organes malades sont encore très-irritables ; on fait bien de faire boire les eaux d'Ems avec du lait ou du petit-lait, et de donner des bains tièdes, qui agissent comme calmant. Si l'organe est paresseux, s'il y a anémie prononcée, on fait bien d'ordonner des eaux ferru-gineuses.

21. *Calculs urinaires et gravelle.* — Les eaux d'Ems conviennent très-bien dans les cas de calculs et de gravelle urique. Le plus souvent, ce sont là des productions d'une maladie constitutionnelle, de la goutte notamment, qui trouve son remède dans les eaux d'Ems, comme dans celles de Vichy et de Carlsbad. Que les calculs urinaires aient pour cause la dyscrasie goutteuse, ou une production exa-gérée d'acide urique ou d'urate d'ammoniaque, nos eaux agissent toujours chimiquement. Elles rendent l'urine alca-line, et dissolvent en totalité ou en partie les sédiments et les concrétions uriques. Mais, pour guérir complétement la diathèse urique, il faut plusieurs cures et de très-longue durée. De plus, on observe souvent, pendant la cure, que les malades rendent souvent des sables et des graviers, ce qui s'explique, non par l'action dissolvante de l'eau alcaline, mais par l'augmentation de la sécrétion urinaire et par suite de la force expultrice de l'urine.

22. *Albuminurie.* — Les eaux d'Ems donnent de bons résultats dans le traitement de l'albuminurie, quand elle est simplement catarrhale, et qu'il n'y a aucun trouble de cir-culation, entretenant une hypérémie rénale.

23. *Cystite chronique, catarrhe chronique de la vessie.* — Cette maladie peut être causée par une irritation directe de la muqueuse vésicale, elle peut s'y être propagée par voi-sinage ; elle peut enfin résulter d'un refroidissement. La muqueuse présente les lésions ordinaires du catarrhe ; elle est recouverte d'un mucus gris puriforme, ou d'un produit de sécrétion jaune, purulent. Cette sécrétion anormale

agit sur l'urine à la façon d'un ferment, lui donne une odeur ammoniacale et souvent une réaction alcaline. Le mucus forme des masses gélatineuses, cohérentes, se laissant étirer en filaments : souvent, pendant tout le cours de la maladie, l'urine est acide ; d'autres fois, elle est alcaline. On admettait que le mucus est le ferment de la fermentation alcaline, dans laquelle l'urine est décomposée en carbonate d'ammoniaque, et où il se produit de l'urate d'ammoniaque et du phosphate ammoniaco-magnésien. Mais des recherches récentes ont conduit Niemeyer à cette conclusion que ce n'est pas le mucus vésical, mais bien des organismes inférieurs, introduits sans doute le plus souvent par une sonde sale, qui provoquent cette fermentation alcaline de l'urine.

Les douleurs sont peu considérables ; elles sont intermittentes ; il y a presque toujours besoin d'uriner. La maladie peut durer des semaines, des mois, des années.

Quand le catarrhe vésical est simple, qu'il ne résulte pas de causes incurables, qu'il n'est pas invétéré, les eaux d'Ems sont un mode de traitement excellent, mais on a remarqué que l'urine restait alcaline trop longtemps, aussi fait-on bien de donner de temps à autre des acides. On donne l'eau en bains et en boisson ; mais le traitement sera surtout favorisé par des irrigations régulières de la vessie avec l'eau minérale, au moyen d'une sonde à double courant: on aura soin de faire baisser successivement la température de l'eau ; on commencera à 27° Réaumur, pour descendre jusqu'à 15° R.

24. *Rhumatisme chronique.* — On guérit cette affection à Ems, tout aussi bien que dans d'autres bains. Dans ces

derniers temps, on a cessé d'appeler rhumatismales les affections des muqueuses et des parenchymes, auxquelles on accordait ce nom autrefois, et ceci explique comment ici on voit aujourd'hui moins de rhumatisants qu'autrefois. On se tromperait si on voulait en conclure qu'Ems convient moins au traitement du rhumatisme que d'autres bains ; tout au contraire, le rhumatisme chronique est guéri à Ems, comme à Wildbad, à Teplitz, à Warmbrunn, à Wiesbaden, etc., comme il l'est par les simples bains chauds et par les bains de vapeur, car c'est l'eau chaude qui guérit le rhumatisme, quelle que soit sa composition chimique. Nous obtenons de très-bons succès dans le traitement du rhumatisme chronique simple des muscles et du tissu fibreux, comme dans celui des suites des rhumatismes des gonflements articulaires, des paralysies rhumatismales, à condition toutefois que ces maladies soient curables et non pas trop invétérées.

25. *Goutte.* — Les eaux d'Ems conviennent dans le traitement de certains cas de goutte. Il faut y envoyer les individus faibles, irritables, qui ne pourraient supporter une cure plus énergique tandis que les goutteux pléthoriques doivent aller à Carlsbad, à Wiesbaden, à Vichy, à Kissingen, à Hombourg.

26. *Affections cutanées chroniques.* — Les affections cutanées chroniques ne sont que peu modifiées ici, et elles ne le sont que quand elles résultent d'une altération des humeurs, qui puisse être guérie par les eaux d'Ems. Il faut être prudent avec l'usage des bains, surtout dans les cas de furoncles, où chaque irritant de la peau active le mal, et dans ceux d'eczéma, où le chlorure de sodium irrite la peau

(Hebra). Par contre, les eaux d'Ems prises à l'intérieur peuvent donner de bons résultats, en neutralisant, en alcalinisant les humeurs.

27. *Scrofule.* — On a souvent vanté Ems comme guérissant la scrofule. Je ne crois pas que l'on doive laisser les gens, atteints de cette maladie, venir en vain chercher un remède à nos sources thermales — *non omnia possumus omnes* — et il est d'autres moyens thérapeutiques plus efficaces. A ces malades conviennent les eaux chlorurées, iodurées, et les bains de mer. Peut-être pourrait-on donner les eaux d'Ems à des individus très-délicats, très-irritables, dont les muqueuses sont atteintes d'affections scrofuleuses. Dans ces cas, on pourra améliorer la disposition catarrhale, et modifier avantageusement la nutrition générale.

Ems convient peut-être aussi dans les cas où la scrofule ne s'est pas encore manifestée, où l'on ne peut que soupçonner une prédisposition à la scrofule.

28. *Vénosité exagérée.* — Sous ce nom, Braun décrit « un état, dont on ne peut donner une définition physiologique précise, mais qui répond parfaitement à un tableau clinique. Il est impossible d'en comprendre tous les symptômes, d'en faire un tout dans le cadre nosologique, et cependant chaque médecin connaît bien des états, sans nom dans la nomenclature, et qui résultent d'une décarbonisation insuffisante du sang veineux : celle-ci résulte d'un genre de vie trop sédentaire, d'un régime trop végétal, de troubles fonctionnels, qui ne prouvent pas précisément un trouble organique des organes de la nutrition ou de la circulation, d'une nutrition insuffisante des vaisseaux veineux. Souvent elle est accompagnée de catarrhes des diverses muqueuses; souvent elle se

termine par des affections du foie, par la phthisie pulmonaire, par le cancer ; elle s'observe plus fréquemment chez
la femme que chez l'homme, peut-être remplace-t-elle chez
celle-là ce que, chez celui-ci, on appelle du nom de stases
abdominales, ou de dyscrasie goutteuse. »

Les anciens médecins s'entendaient, sans mot dire, sur ce
qu'ils comprenaient sous le nom de vénosité, et ils savaient
que dans ces cas ne conviennent que les remèdes légers, qui
favorisent la décarbonisation du sang ; les moyens que, dans
leur terminologie, ils disaient : « doux, les amis silencieux
de la vie végétative. » Parmi ces moyens, figurent en première ligne les eaux sodiques faibles, notamment les chlorurées, comme celles d'Ems, et l'empirisme les avait fait employer pour dégager l'acide carbonique du sang. Dans les cas
de stase abdominale, de gravelle, de goutte, qui ne sont
probablement que des degrés de vénosité plus avancés, on
donne les eaux alcalines fortes, les eaux chlorurées sodiques,
les eaux de Marienbad et de Carlsbad ; dans ces degrés plus
faibles, se trouvent exclusivement indiquées les eaux sodiques faibles.

29. *Troubles fonctionnels du système nerveux.* — La
renommée des eaux d'Ems, de guérir les affections nerveuses,
est parfaitement confirmée par l'expérience. Généralement,
ces troubles ne constituent pas une affection exclusivement
nerveuse ; ce sont plutôt des symptômes secondaires d'ordre
réflexe, l'indice d'un vice de nutrition générale.

Tout ce que l'on appelle faiblesse de nerfs, constitution
nerveuse délicate, n'est le plus souvent qu'un état de nutrition imparfaite de tout l'organisme. Cet état est caractérisé
par une sensibilité exagérée, une grande excitabilité du sys-

tème nerveux sensitif, avec défaut d'énergie et de persévérance dans les actes, une disposition aux phénomènes spasmodiques, des migraines, des vertiges, de l'insomnie, etc.

Dans ces cas, les eaux d'Ems exercent une action excellente; mais elles ne réussissent pas moins dans certaines formes déterminées de troubles des fonctions nerveuses.

Telles sont l'hystérie et l'hypochondrie, avec leurs manifestations si variées, surtout lorsqu'elles résultent d'irritations ou de lésions des organes contenus dans la cavité pelvienne; les névralgies de toute espèce, notamment les migraines, le tic douloureux de la face, la gastralgie, etc., provenant des mêmes causes.

A ces affections il faut encore ajouter certaines névroses des organes respiratoires que les eaux d'Ems guérissent souvent avec une rapidité surprenante, mais sur lesquelles elles sont parfois aussi sans action. L'explication de ce fait est encore inconnue; on est obligé d'admettre une influence directe de l'eau sur les nerfs.

Les affections dont je veux parler sont l'asthme nerveux et une sorte d'aphonie, que l'on observe chez les femmes et les jeunes filles hystériques et anémiques. Au laryngoscope on ne remarque que de la pâleur de la muqueuse laryngée. J'ai soigné beaucoup de cas pareils, et vu parfois au bout de huit jours de traitement la voix parfaitement revenue ; chez d'autres malades, les eaux ne parurent avoir aucun effet, et je n'obtins la guérison qu'en faisant usage de l'électricité, du courant induit ou du courant continu.

Il n'y a pas à douter que beaucoup de maladies que nous venons de passer ainsi en revue peuvent être guéries par d'autres eaux minérales, en suivant un mode d'administration approprié à chaque cas ; il est certain néanmoins que beaucoup d'entre elles ne sont justiciables que des eaux d'Ems, car, lorsqu'on choisit une source thermale, on accorde moins d'importance à la composition chimique de l'eau, à la présence de tel principe en quantité plus ou moins forte, qu'on n'en donne à la constitution du malade, qui doit suivre la cause.

C'est un fait bien établi, que les eaux d'Ems, prises à l'intérieur et à l'extérieur, guérissent les malades sans diminuer leurs forces ; il en résulte que, bien administrées, elles conviennent parfaitement aux individus faibles, qui ne peuvent supporter aucune autre eau thermale. Et même, si la maladie est telle que l'action d'une eau plus active puisse seule amener la guérison radicale, c'est par les eaux d'Ems que l'on commencera le traitement thermal, et qu'on préparera l'organisme pour une cure plus énergique.

ANALYSE COMPARATIVE DES DIVERSES SOURCES D'EMS, PAR LE PROFESSEUR FRESENIUS, 1 livre = 7,680 grains.

	SOURCE VICTORIA. 1869	SOURCE AUGUSTA. 1865	KESSEL-BRUNNEN. 1851	KRAEHN-CHEN. 1851	FURSTEN-BRUNNEN. 1851	SOURCE de la rive gauche DE LA LAHN. 1850
Température.	27°,9 C = 22°,3 R.	39°,2 C. = 31°,36 R.	46,25° C. = 37° R	29°,5 C. = 23°,6 R.	35°,25 C. = 28°,2 R.	47°,5 C. = 38° R.
Poids spécifique	1,00323 à 14°,5 C.	1,00297 à 24° C.	1,00310 à 12° C.	1,00293 à 12° C.	1,00312 à 12° C.	1,00314 à 12° C.
Bicarbonate de soude	15,514014	15,284844	15,19749	14,83760	15,60315	16,07055
Sulfate de soude	0,139123	0,044659	0,00614	0,13778	0,15506	0,10790
Chlorure de sodium	7,386017	7,354744	7,77055	7,08411	7,55098	7,27020
Sulfate de potasse	0,346329	0,507241	0,39337	0,32863	0,30144	0,43653
Bicarbonate de chaux	1,625717	1,710129	1,81294	1,72162	1,77608	1,79090
— de magnésie	1,507632	1,827387	1,43608	1,50513	1,53576	1,61963
— de protoxyde de fer	0,013924	0,021450	0,02780	0,01666	0,07045	0,02488
— de protoxyde de manganèse	0,001943	0,004001	0,00476	0,00722	0,00607	0,01198
— de baryte	0,004039	0,003072	0,00369	0,00115	0,00215	0,00262
— de strontiane (1)	0,011667	0,006743				
Phosphate d'alumine (2)	0,001029	0,000783	0,01060	0,00322	0,00338	0,01090
— de soude	0,000684	0,001459	traces.	traces.	traces.	traces.
Acide silicique	0,371712	0,363511	0,36180	0,37978	0,37778	0,37839
Bicarbonate de lithine	0,010875	0,004078	traces.	traces.	traces.	traces.
— d'ammoniaque	0,047063	0,057208	traces.	traces.	traces.	traces.
Iodure de sodium	0,000027	0,000023	traces.	traces.	traces.	traces.
Bromure de sodium	0,002196	0,000446	traces.	traces.	traces.	traces.
Somme des principes fixes	26,984281	27,186908	26,02722	26,02590	27,33220	27,72348
Acide carbonique libre	9,217980	7,854720	6,78866	8,32197	6,95751	6,08893
Somme	36,202270	35,041528	33,81588	34,35087	34,25971	33,81241

(1) Dans les analyses faites en 1851, les moyens d'analyse, alors employés, n'ont permis d'obtenir qu'une partie de la quantité de strontiane.
(2) La quantité d'alumine, plus grande dans les analyses faites en 1851, provient évidemment de ce que l'on a fait évaporer l'eau dans des capsules en porcelaine, non en argent ou en platine, comme celles usitées aujourd'hui.

ANALYSES COMPARATIVES, PAR M. LE PROFESSEUR R. FRESENIUS, DE WIESBADEN. 1 LIVRE = 7,680 GRAINS.

	EMS.	SCHWALBACH.	
	SOURCE FERRUGINEUSE.	WEINBRUNNEN.	STAHLBRUNNEN.
Sulfates de potasse et de soude...............	0,3180	0,047562 0,057362	0,060841 0,028769
Chlorure de sodium.....	0,7196	0,066279	0,051633
Carbonate de soude...........................	0,1905	1,331535	0,111921
— de protoxyde de fer........	0,2143	0,321838	0,466429
— de protoxyde de manganèse...	faible quantité.	0,050188	0,102351
— de chaux..........................	0,9838	3,051356	1,180316
— de magnésie...........	0,5215	3,049805	1,009655
Acide silicique.................	0,1275	0,357120	0,246298
Somme.................	3,0752	8,335345	3,318213
Température.........................	17° Réaumur.	7 à 8° Réaumur.	

SOURCE DU ROI GUILLAUME

Les eaux des sources *Victoria* et *Augusta* sont expédiées contre remboursement, aux prix suivants :

	Thalers.	Groschen.	
100 cruchons de l'eau des sources Victoria ou Augusta..............................	7	15	(28ᶠ,15)
Emballage compris............................	9	5	(34ᶠ,35)
100 demi-cruchons............................	5	15	(20ᶠ,62)
Emballage compris............................	6	20	(25ᶠ »)

S'ADRESSER A M. E. BALZER

ADMINISTRATEUR DES SOURCES DU ROI GUILLAUME

A EMS-LES-BAINS

TABLE DES MATIÈRES

FIN DE LA TABLE DES MATIÈRES.

Conseil, typ. et stér. de Crété fils.